沐浴夕阳
光圈 F2.5
感光度 100
焦距 85mm
快门速度1/400s

海滩风云
光圈 F16
感光度 100
焦距 19mm
快门速度 70s

街头倩影
光圈 F4
感光度 320
焦距 85mm
快门速度 1/250s

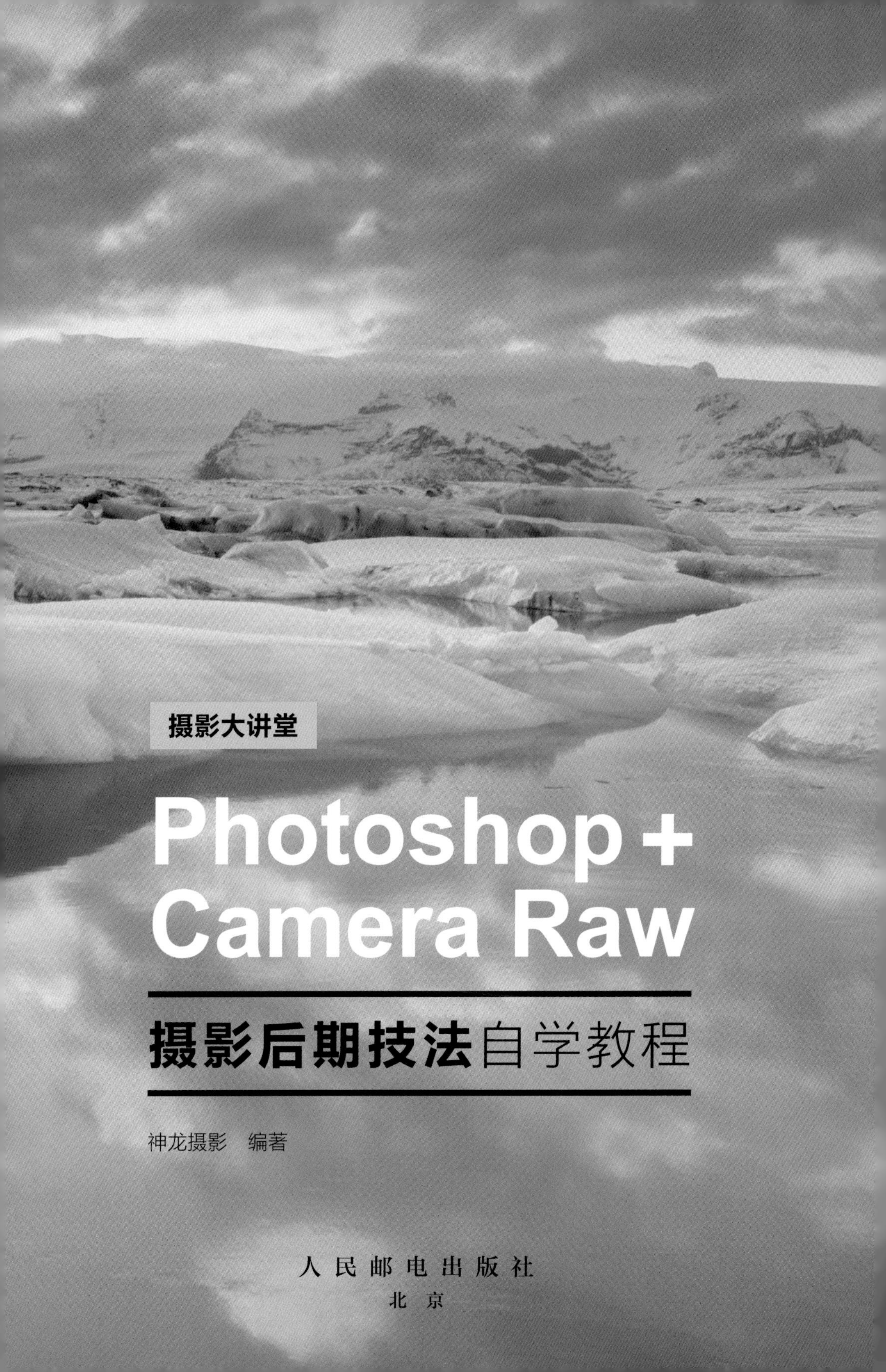

摄影大讲堂

Photoshop + Camera Raw

摄影后期技法自学教程

神龙摄影　编著

人民邮电出版社
北京

Preface

前　言

对于初学者来说，要想在摄影后期处理方面进一步提高，选择一本通俗易懂、图文并茂的摄影后期参考教材是极其必要的。本书从突出拍摄意图与提升表现力的角度出发，详细介绍了从挑选照片，到在Camera Raw中进行照片简修，最后在Photoshop中进行照片精修的完整修片过程。本书强调从整体调整到局部调整的修片思路，秉承“知其然，知其所以然”的教学理念，不以记录参数为目的，细致分析了参数调整背后的思路与原理，即告诉读者为什么要调整这个参数，调整到多少比较合适，如何把握这个度，真正让读者具备离开教程可以独立完成修片的能力。

相信通过对本书的学习，读者一定可以快速掌握摄影后期处理的方法，创作出精彩的作品。

本书由神龙摄影团队编著，参与编写工作的有孙连三、王鹏、孙屹廷等。本书内容经作者反复修改，力求严谨，但仍可能存在诸多不足之处，恳请读者批评指正。

欢迎加入QQ群：960389949，一起交流学习。

目录 Contents

第一篇 摄影后期修片预备知识

第1章 筛选照片的好帮手——Bridge

Bridge不但可以用来浏览照片、查看照片的参数信息，还可以对照片进行标记、评级和筛选，借助这一功能，并不需要另外新建文件夹就可以实现照片的挑选。

第2章 后期修片流程

后期修片流程可以分为两个阶段，第一阶段是在Camera Raw中完成大约70%的照片简修，第二阶段是进入Photohsop中对照片做进一步的精修。

第二篇 Camera Raw中的照片简修

第3章 调整照片的整体曝光

本章学习如何在Camera Raw的“基本”面板和“色调曲线”面板中，针对不同的影调进行曝光的整体调整。

第4章 调整照片的整体色彩

本章学习对画面整体色彩的调整，包括更改白平衡校正色偏，增减饱和度，通过调整色温和色调、配置文件、色调分离以及曲线通道等改变色调。

第5章 调整照片的局部色彩和曝光

本章学习如何调整照片的局部色彩和曝光，包括如何使用HSL调整局部色彩，以及如何使用渐变滤镜、径向滤镜和调整画笔调整局部曝光效果。

第6章　调整照片的细节

本章学习照片的细节调整，包括修复色差、去痘淡斑、校正畸变、裁剪、锐化和降噪。

第7章　简修照片的综合案例

本章将通过对多个案例的完整系统调整，串联前面学到的知识点，帮助读者更好地掌握Camera Raw中的简修流程。

第8章　简修后的照片如何处理

在Camera Raw中完成调整后，可以选择直接保存照片，也可以选择在Photoshop中做进一步的调整。

第三篇 Photoshop中的照片精修

第9章 曝光、色彩的局部精修

本章学习使用Photoshop中的图层和蒙版来实现照片曝光、色彩的局部调整。另外，借助蒙版还可以进行一些创意性的调整，例如更换背景天空、制作动感效果。

第10章　人像修形:精细磨皮和液化塑形

本章学习人像磨皮和液化塑形。其中磨皮包含两种技法，一种是使用高反差+高斯模糊来实现保留质感的人像磨皮，另一种是通过通道计算来实现细腻的磨皮效果。

第11章　完整修片流程的综合案例

本章将通过四组案例，完整演示一张照片从Camera Raw的简修到Photoshop的精修过程，目的是帮助读者更好地理解和掌握后期的修片流程。

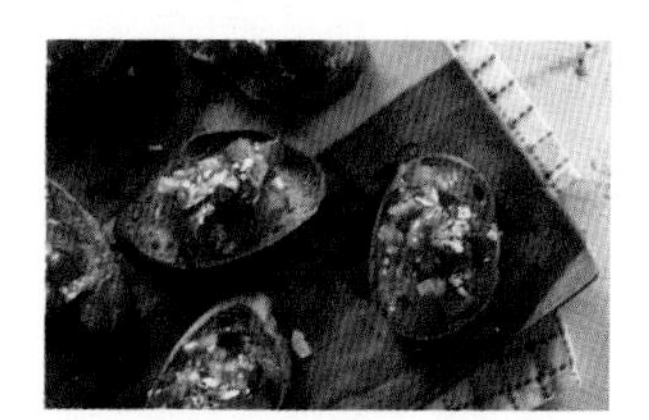

第12章　输出照片

本章学习在Photoshop中完成调整后，该如何根据不同的需求正确输出照片。

第一篇 摄影后期修片预备知识

第 1 章

筛选照片的好帮手 ——Bridge

使用 Bridge 可以实现照片的快速查看和比对，其强大的过滤、筛选功能让照片分类更清晰。Bridge 的使用十分方便，拍摄者可以使用过滤器，按照拍摄时间、曝光参数或者镜头焦距等分类查看照片，还可以为精选出的照片标签或评级筛选，方便查找。

1.1 如何挑选照片

1.1.1 什么样的照片不可修

1. 表情或动作不美观

好的人物姿态要求人物肢体挺拔，能够体现出曲线美感；表情要求不做作，以能够表现人物的情绪和性格为好。下面这组照片中图 1 人物的肢体看起来不够舒展，图 2 人物弯曲右臂造成画面上方拥堵，图 3 由于抓拍时机不当导致人物表情不美观，图 4 人物的表情和动作都很理想。

图1

图2

图3

图4

2. 曝光严重错误

严重欠曝的照片会出现暗部细节丢失的情况，强行提亮照片后，会出现大量的噪点，呈现出较差的画质效果；严重过曝的照片会丢失高光细节，且无法通过后期恢复照片中的细节，这就是为什么拍摄时要宁欠勿曝。出现以上两种情况的照片都是不可修的。

严重欠曝

严重过曝

1.1.2 什么样的照片可修

1. 轻微过曝或欠曝的照片

大多数情况下，轻微过曝或欠曝的照片都可以通过在 Camera Raw 中的曝光调整拉回，因此这类照片是可修的。

2. 可以通过裁剪或扩边来改善构图的照片

受镜头焦距或者拍摄时机等因素的影响，拍摄的照片很容易出现构图不理想的情况，这时就需要分析照片是否有裁剪的空间或者是否可以通过扩边来改善构图。如果可以，那么这样的照片就是可修的。

3. 细节有瑕疵的照片

照片若存在水平线倾斜、人物脸部有痘痕或肢体看起来显胖等细节问题，是可以通过后期处理来改善照片效果的。

1.2 在Bridge中查看和筛选照片

1.2.1 查看照片

Bridge 的界面分为 4 大功能区，分别是选择照片所在位置的文件夹区、分类过滤区、照片预览区、照片数据查看区。

●正确建立照片文件夹

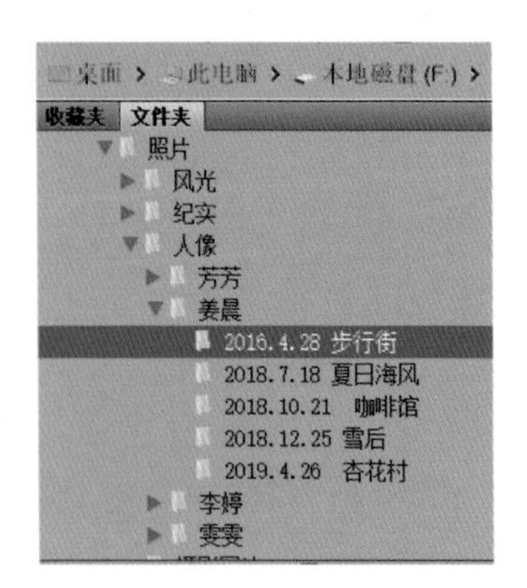

单击图片所在的文件夹，该文件夹内的所有照片就会显示在预览区。说到图片文件夹，一定要学会按照正确的分类建立文件夹，以方便快速查找照片。例如在照片文件夹中按风光、纪实、人像和微距等类别建立一级文件夹；然后在一级文件夹下建立二级文件夹，例如在人像一级文件夹下，按姓名（姜晨、雯雯、芳芳等）创建二级文件夹；接下来在二级文件夹下，建立三级文件夹，例如在“人像”文件夹中的“姜晨”文件夹下，创建以“2019.4.26 杏花村”这种日期加地名的方式命名的三级文件夹；最后把 2019 年 4 月 26 日于杏花村拍摄的人像照片复制到其中即可。

●切换显示方式

查看照片时，可以选用不同的显示方式，例如可以全屏查看照片、100% 查看照片、以审阅模式查看照片或者以幻灯片播放的方式查看照片。下面分别进行介绍。

全屏查看照片：单击一张照片，按空格键，就可以全屏查看照片。按键盘上的左右方向键，可以查看上一张或下一张照片；再次按空格键，即可退出全屏预览模式。

100% 查看照片：在全屏模式下，单击鼠标左键可以 100% 放大照片，再次单击可以取消放大。

以审阅模式查看照片（下图）：审阅模式用于比对筛选照片。按 Ctrl+B 组合键，就可以进入审阅模式查看照片，按键盘上的左右方向键，可以比对查看上一张或下一张照片。在比对过程中，对于不满意的照片，可以直接按朝下的方向键删除。

以幻灯片播放的方式查看照片：按 Ctrl+L 组合键，进入幻灯片播放模式，播放过程中按空格键可以暂停，再次按空格键可以继续播放照片，如果要退出幻灯片模式，按 Esc 键即可。

●查看照片的参数信息

单击一张照片，在右侧元数据栏中可以查看照片的快门速度、光圈、ISO、测光模式、拍摄时间、尺寸和分辨率等常用参数。

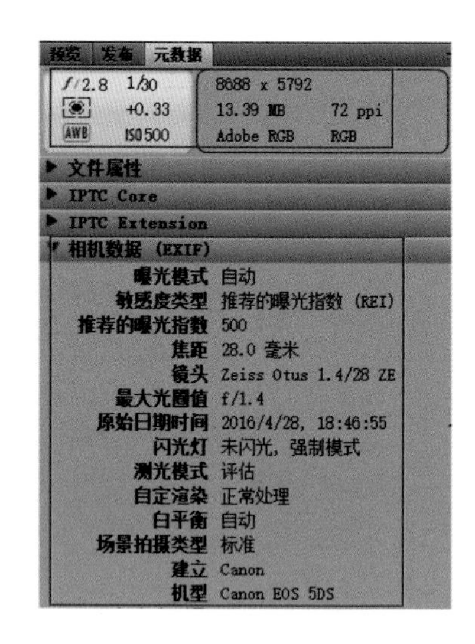

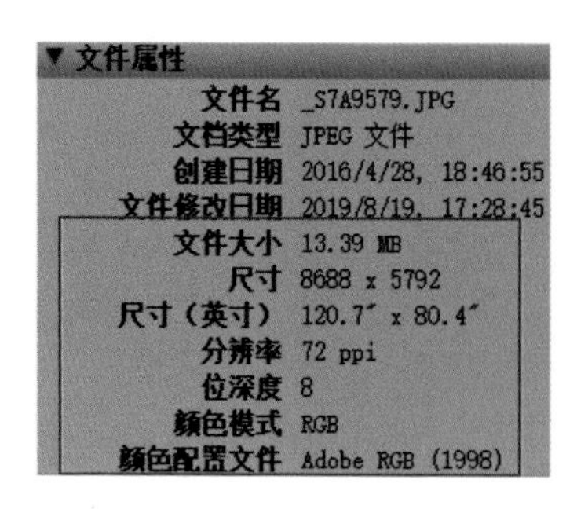

1.2.2 对照片进行分类筛选

●对照片进行过滤

使用过滤器可以更快捷地筛选照片，常用的筛选项包括文件类型、取向（横幅或竖幅照片）、ISO 感光度、曝光时间和光圈值等。以文件类型为例，当选择 JPEG 文件时，预览区域将只显示 JPEG 格式的照片，而不显示 RAW 格式的照片（相机原始数据图像）。

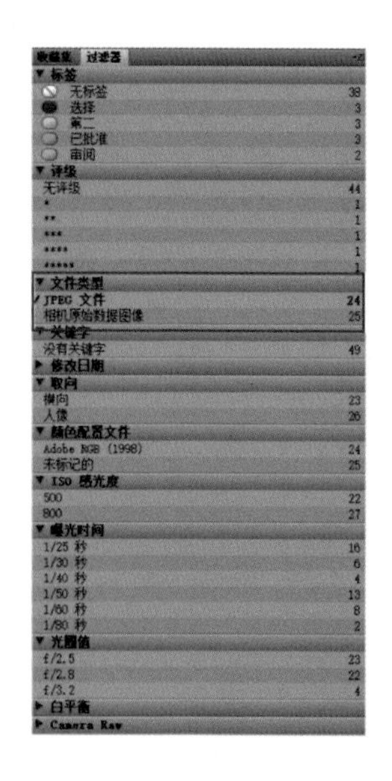

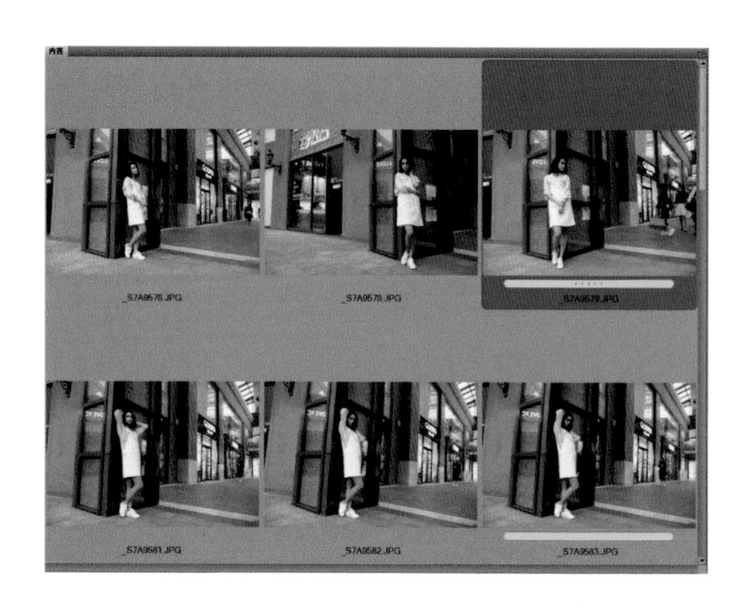

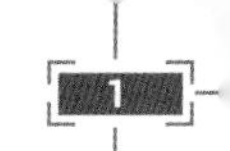

●评级和添加标签，对照片进行分类筛选

在浏览拍摄到的大量照片时，经常会遇到这样的选择：一些照片很好，可以进行后期处理；一些照片类似，需要进行比对选择；还有一些照片介于好与不好之间，需要仔细斟酌。这时就可以利用 Bridge 的分类标记功能对照片进行分类。

评级：在全屏模式下查看照片时，按键盘上的 1~5 数字键（在预览界面中需要按住 Ctrl 键，再按 1~5 数字键），可以依次对照片进行 1 颗星至 5 颗星的评级，评级的标准可以根据个人需求来确定，例如 1 颗星是不理想的、2 颗星是需要权衡的、3 颗星是较好的，如果想取消评级，按键盘上的 0 数字键即可。对照片进行了评级分类后，如果想要查看所有标注为 3 颗星的照片，只要单击左侧过滤器中的评级选项，选择其中的 3 颗星，当前预览区内就只显示评级为 3 颗星的照片。

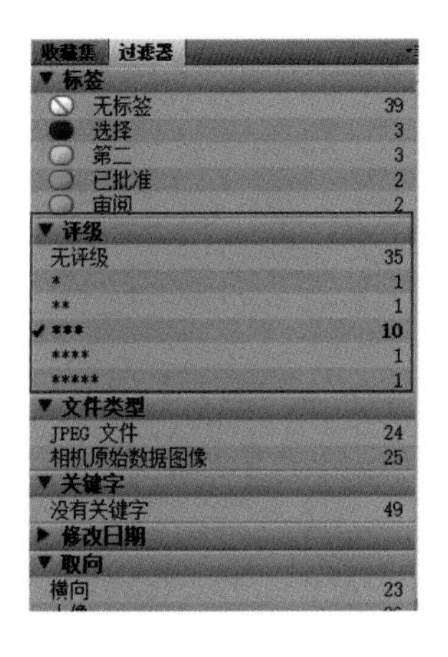

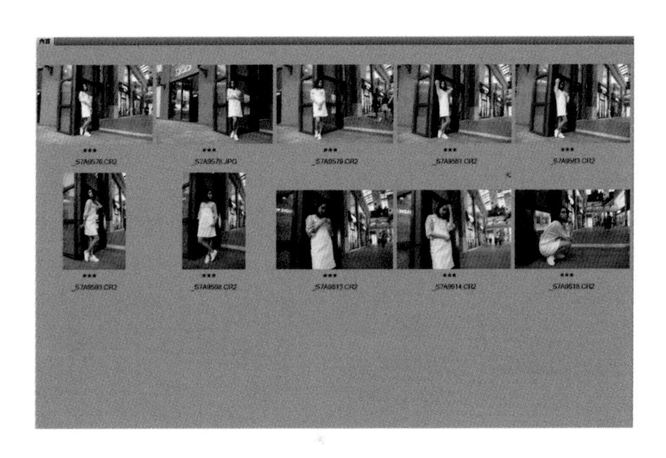

添加标签：添加标签的方法与评级类似，区别是为照片添加标签时需要按键盘上的 6~9 数字键，从 6 至 9 依次显示为红色、黄色、绿色和蓝色。想要取消标签设置，只需重复按下当前标签的数字即可。为照片添加完标签后，单击左侧过滤器中的标签，选择不同的颜色，就可以筛选查看相应的照片。

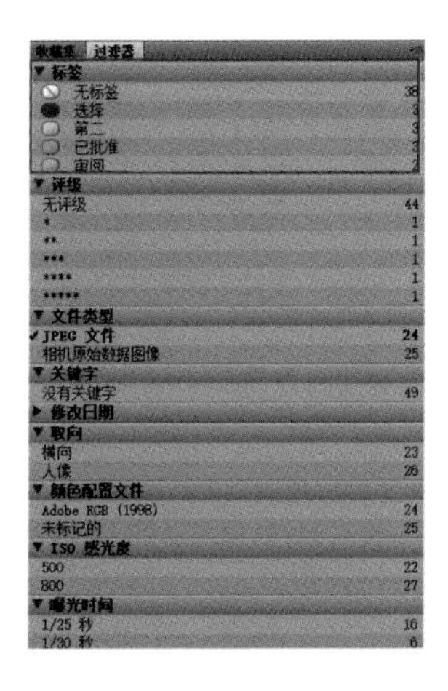

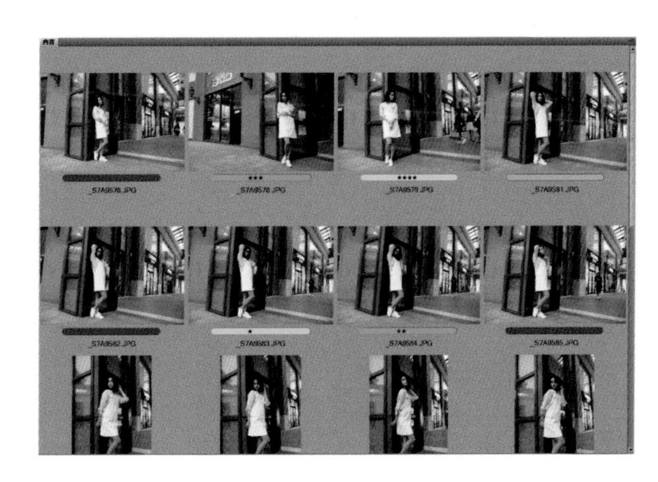

第 2 章
后期修片流程

后期修片流程的操作分为两步，第一步是在 Camera Raw 中调整曝光、色彩和细节，如果对照片的处理要求不高，那么在 Camera Raw 中调整完成后直接保存照片即可；第二步是在 Camera Raw 中调整完成后进入 Photoshop 中做进一步的精细化调整，这是因为在 Photoshop 中可以通过图层和蒙版实现局部色彩影调的反复叠加微调，达到更精细的人像磨皮和液化塑形效果，以及进行天空置换、动感模糊等创意性调整。

2.1 Camera Raw中的照片简修

2.1.1 照片简修的好帮手——Camera Raw

Camera Raw 是 Photoshop 专为打开和编辑 RAW 格式照片，实现照片无损调整而设计的滤镜插件，简称 ACR。不同版本的 Camera Raw 的主要功能是一样的，只是在个别功能选项上略有差异，本书案例中所使用的 Camera Raw 为 11.3 版本。

●在 Camera Raw 中打开照片

使用 Photoshop 打开 RAW 格式的照片时，软件会自动进入 Camera Raw 中，在这里可以完成大约 70% 的照片修饰工作，然后可以进入 Photoshop 中做进一步的精细化调整。如果要在 Camera Raw 中打开 JPEG 格式的照片，则需要在首选项中进行设置。具体的设置方法是在编辑菜单中选择首选项中的 Camera Raw，然后在弹出的对话框中选择“自动打开所有受支持的 JPEG”，这样每次打开 JPEG 格式的照片时，就会自动在 Camera Raw 中打开照片。

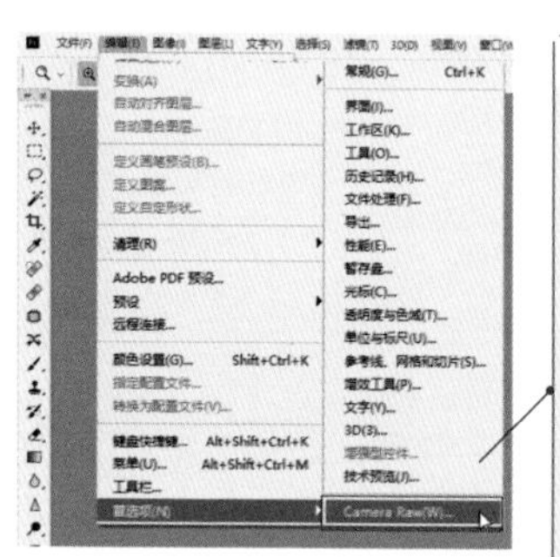

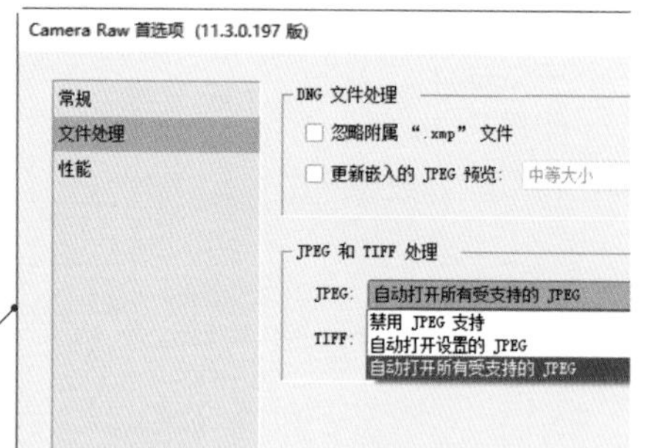

● RAW 格式和 JPEG 格式在 Camera Raw 中的调整差异

无论照片的格式是 RAW 还是 JPEG，在 Camera Raw 中对照片进行后期调整的思路和方法是一致的，二者的主要区别有以下两点。

①白平衡选项差异。在白平衡的预设选项中，RAW 格式照片的选择更多，与相机上的白平衡设置相同，即使拍摄时相机的白平衡设置错误也没事，只要在预设中重新设置正确的选项即可；而 JPEG 格式照片只有自动和自定两项，后期重新设置的余地少。

②后期调整空间差异。相比 JPEG 格式的照片，RAW 格式的照片拥有更多的色彩信息和明暗细节，具备更大的后期调整空间。

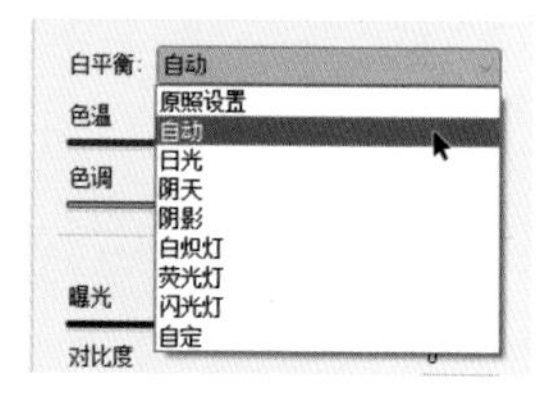

RAW格式的白平衡选项与相机上的选项相同

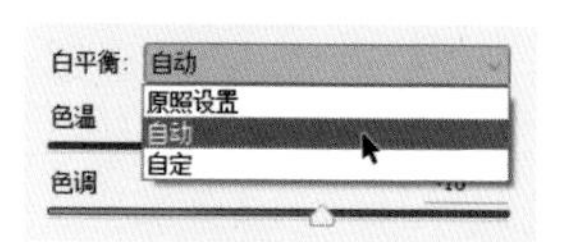

JPEG格式的白平衡选项很少

● Camera Raw 的界面功能分区

Camera Raw 的操作界面十分简洁，最常用的操作区包括工具栏、调整选项栏、直方图和存储设置。

2.1.2 照片简修的流程

Camera Raw 中的简修流程主要包含 4 大部分，分别是整体曝光调整、整体色彩调整、局部色彩和曝光调整，以及细节调整。

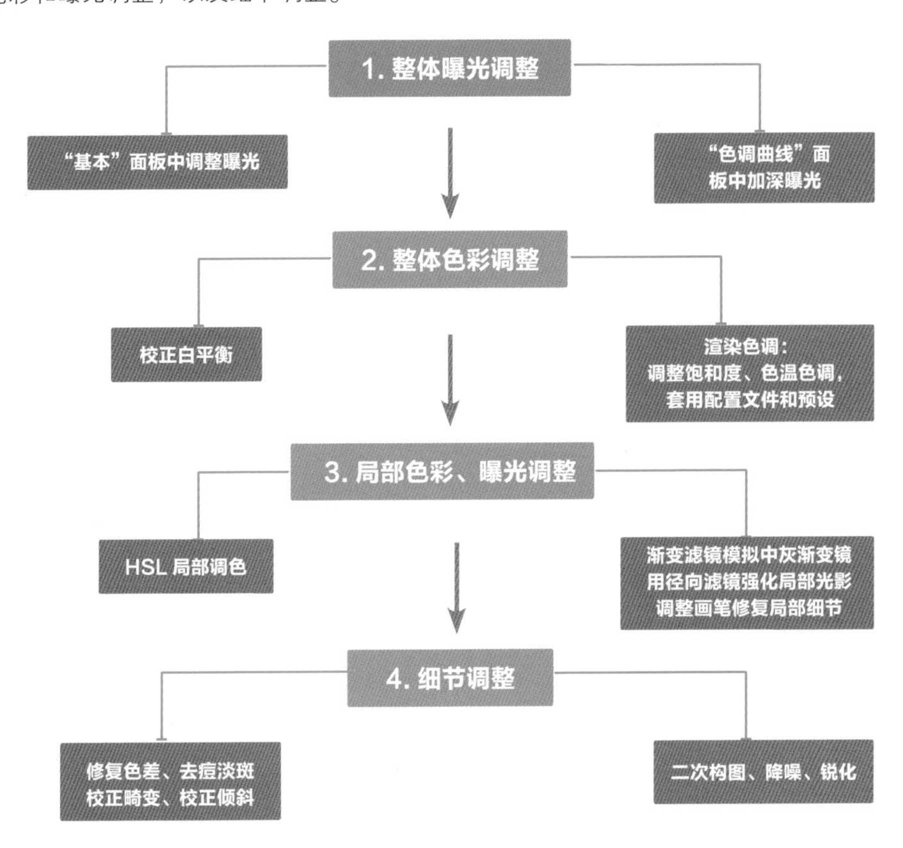

2.2 Photoshop中的照片精修

Photoshop 的优势是可以借助图层和蒙版，实现多个调整效果的叠加，以及进行更精细的局部处理，并能进行 Camera Raw 不能实现的精细磨皮、液化塑形及更换背景等创意性调整。下面简单介绍 Photoshop 的使用方法。

2.2.1 曝光、色彩的局部调整

照片精修并没有固定的流程，主要思路是通过添加多个图层蒙版，对照片的曝光和色彩进行反复多次的叠加、分区调整。常用的图层蒙版项包括亮度对比度、色阶、曲线、色相饱和度、色彩平衡和可选颜色等。

例如，想要增加下图画面的对比效果，可以新建一个亮度 / 对比度调整图层，如果一次调整的效果达不到预期，可以再次复制一个亮度 / 对比度调整层进行强化。不仅限于使用亮度对比度调整图层，还可以增加其他的调整图层来进行多次叠加调整，例如在已经增加了两个亮度 / 对比度调整层的基础上，可以再增加一个曲线调整图层来调整明暗对比。

利用 Photoshop 中的蒙版可以实现曝光效果的分区调整。以下图为例，修片的思路是大幅压暗背景，轻微压暗孩子，这时就不能仅仅依靠建立多个图层来调整明暗，而需要通过蒙版来控制局部的明暗程度。

使用蒙版调整前

使用蒙版调整后

2.2.2 精细磨皮和液化塑形

在 Camera Raw 中，可以进行简单的人像皮肤美化，如果需要高品质、保留皮肤质感的皮肤美化，就需要进入 Photoshop 中进行磨皮操作，常用的人像磨皮方法包括滤镜插件磨皮、通道计算磨皮、高斯模糊磨皮和双曲线磨皮等。另外，如果人物的肢体不够美观，就需要在 Photoshop 中进行液化调整，来美体塑形。

磨皮前，皮肤暗淡不光滑

磨皮后，皮肤细腻光滑

液化前，肢体显胖、额头较高

液化后，模特肢体得到美化

2.2.3 创意性调整：更换背景天空、制作动感效果

利用图层混合模式、动感模糊等结合蒙版进行操作，可以实现创意性的画面调整效果。例如若拍摄场景的背景天空过于单调而缺少美感，可以在 Photoshop 中通过叠加云层素材来美化天空。

背景单调

添加云层素材后，画面美感加强

若场景过于平淡，可以通过 Photoshop 中的动感模糊来实现动静结合的画面效果。

画面平淡

使用动感模糊后，画面动感强烈

第二篇 Camera Raw 中的照片简修

第3章

调整照片的整体曝光

在 Camera Raw 中调整照片的整体曝光可以分为以下三步操作。

第一步：结合画面，分析直方图，判断曝光情况。

第二步：在“基本”面板中调整整体曝光。

第三步：在“色调曲线”面板中加深效果。

3.1 三步学会整体曝光调整

本章学习如何在 Camera Raw 中调整照片的整体曝光效果，具体的操作步骤有以下三步。

3.1.1 第一步：分析直方图，判断曝光情况

直方图真实地反映了一张照片中像素的明暗分布情况，并将其以波状图的形式表示出来。直方图中的所有像素介于 0~255，从左到右依次代表了从最黑到最亮的过渡分布，其中最左侧的亮度值为 0，表示纯黑；最右侧的亮度值为 255，表示纯白。

理想的直方图是像素从左到右都有分布，且左右两侧不“起墙”，如果出现“起墙”，就代表画面中有欠曝溢出或过曝溢出的情况出现，也就是人们常说的“死黑”和“死白”。

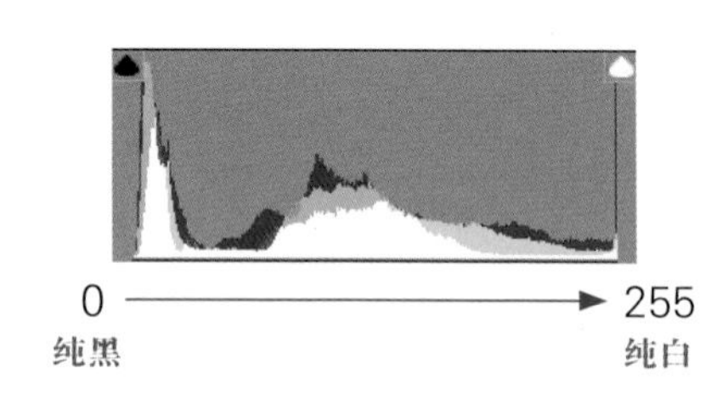

阴影区域欠曝溢出，缺少细节

下图所示的直方图中，左侧的像素信息起墙溢出，说明照片中有“死黑”区域，那就是画面中的阴影区域。

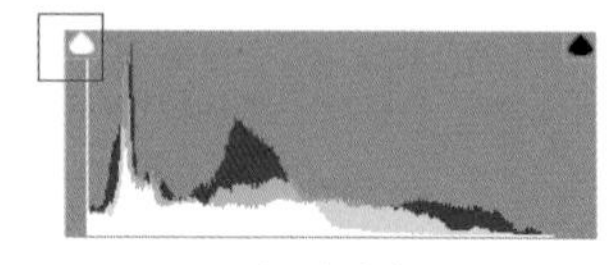
欠曝溢出

照片欠曝，需要进行提亮

下图所示的直方图中，像素信息集中在左侧的暗部区域，亮部区域则很少分布，可以初步判断这是一张欠曝的照片。

亮部区域无像素信息

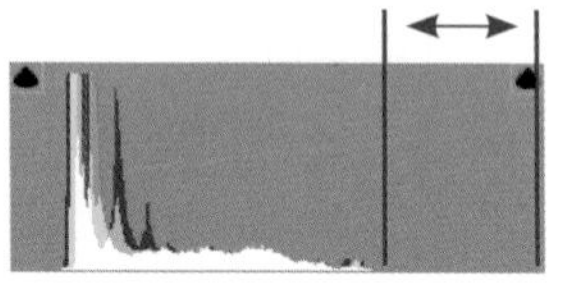
欠曝

下图所示的直方图中，像素信息集中在亮部区域，且最右侧像素出现起墙，说明照片中有过曝溢出的区域。

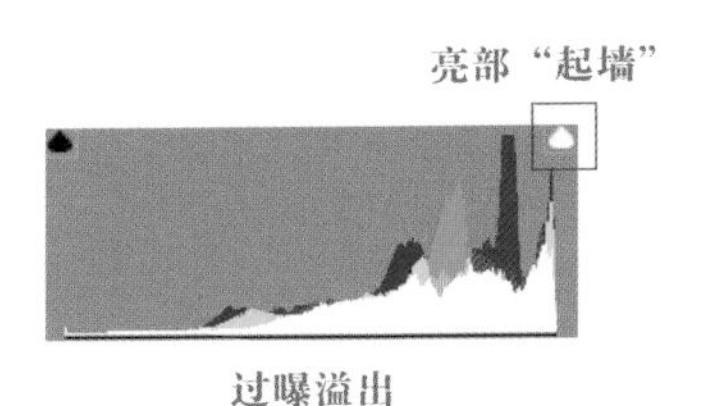

过曝溢出

天鹅的白色羽毛过曝

下图所示的直方图中，像素信息集中在中间亮度区域，而暗部和亮部则很少分布，说明这是一张缺少明暗对比、发灰的照片。

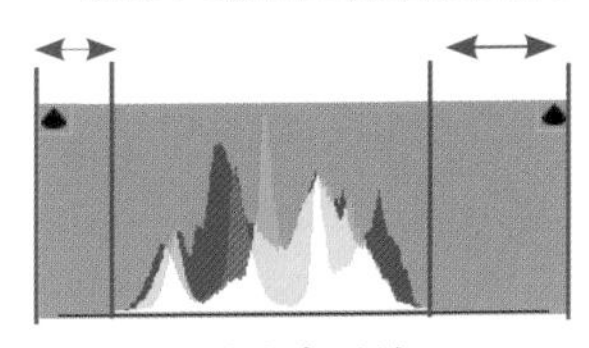

对比度不足

暗部不够黑、亮部不够亮，照片发灰，对比度不足

在实际调整中，过曝溢出或欠曝溢出并不是不允许出现，例如在表现高调或低调的画面效果时，在不影响主体、有助于烘托画面氛围的情况下，是允许溢出的。

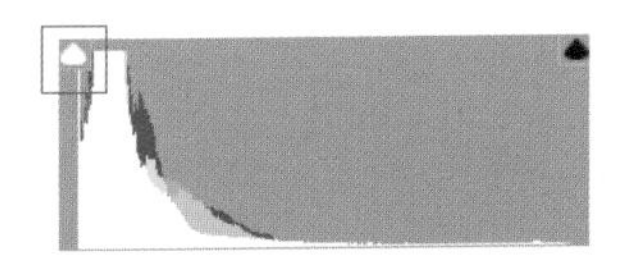

表现暗调氛围时，允许画面中出现欠曝

3.1.2 第二步：调整基础曝光

在对照片进行调整前，要先参照直方图分析照片的曝光情况。

扫码看视频

01 分析照片

可以看到，直方图的像素信息主要分布在中间调偏暗部一些的区域，而高光和阴影区域缺少分布，由此可以初步判断这是一张对比度不足的照片，结合画面的效果来看，这确实是一张整体发灰、偏暗的照片。

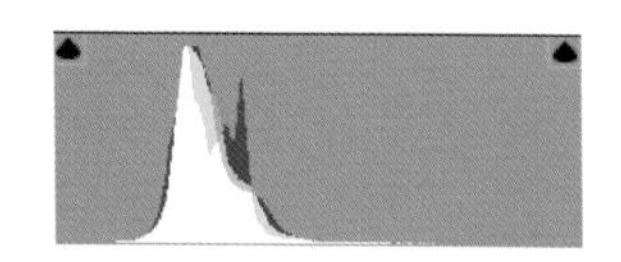

自动 默认值
曝光 0.00
对比度 0
高光 0
阴影 0
白色 0
黑色 0

接下来，要通过“基本”面板中的曝光、高光、阴影、白色、黑色和对比度滑块来调整照片的整体曝光。在“基本”面板中，拖动“曝光”滑块会影响画面的整体曝光；拖动“白色”和“黑色”滑块会影响画面中最亮和最黑区域，也就是定义黑白场；拖动“高光”和“阴影”滑块会影响画面中的较亮和较暗区域；拖动“对比度”滑块会影响画面中的明暗对比。下面以上图为例，详解具体的曝光调整方法。

02 整体提亮画面

针对照片欠曝的问题，首先向右拖动“曝光”滑块，整体提亮画面。曝光滑块中的 ±1 数值相当于在相机上加减一挡曝光的效果。调整曝光时要观察直方图，避免出现直方图左右两侧起墙溢出，调整参数的数值不需要记录，因为不同照片的数值是不同的，关键是掌握调整的思路。

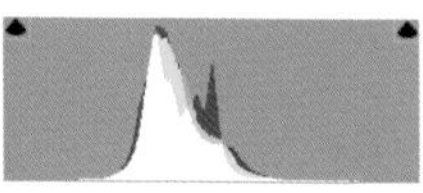

自动 默认值
曝光 +0.80
对比度 0
高光 0
阴影 0
白色 0
黑色 0

03 定义黑白场

定义黑白场的方法是拖动“基本”面板中的“白色”和“黑色”滑块，以此来确定画面中最亮和最黑的位置，从而有效提高画面中的明暗对比。

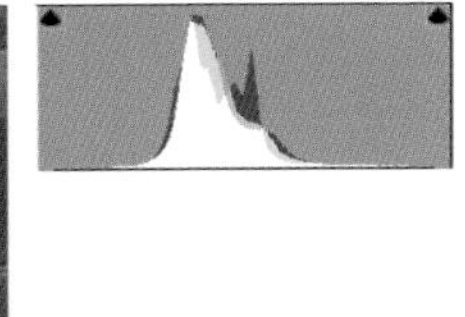

向右拖动“白色”滑块可以让最亮的区域看起来更加高亮；向左拖动“黑色”滑块可以让最暗的区域看起来更加暗沉。拖动的幅度以使直方图左右两侧的像素信息正好“碰墙”而不“起墙”为宜。

04 增加明暗对比

照片发灰的主要原因是明暗对比度不足，因此需要增加对比度。向右拖动“对比度”滑块，直方图的像素信息会往两侧扩张，这样就会使照片的亮部更亮、暗部更黑，照片的明暗对比效果就会得到加强。

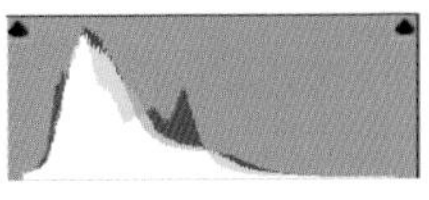

05 提亮阴影、压暗高光

接下来，要对画面的曝光效果做一些微调。拖动“高光”滑块可以修复亮部细节，具体的数值要根据画面表现来确定，以亮部效果看起来不抢眼为宜。这里的高光与摄影中的高光定义是不相同的，它是针对画面中较亮区域的调整，而摄影中的高光是指画面中最亮的区域。

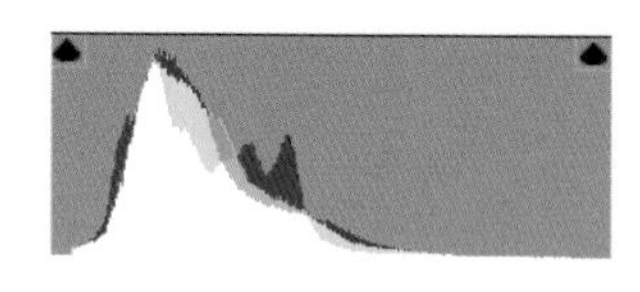

拖动“阴影”滑块会影响画面的暗部区域，拖动时要根据画面的需要来压暗或提亮暗部区域，在本例中，需要对暗部进行适当的提亮，让画面的明暗对比更适中。

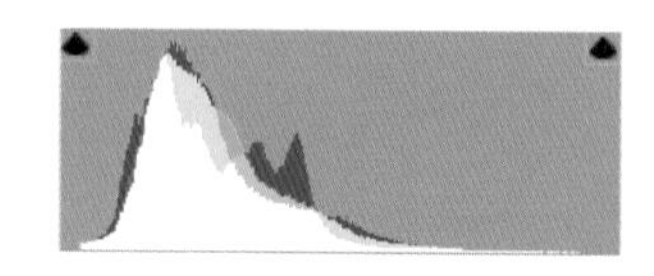

到这里就完成了在“基本”面板中的调整，但是从画面效果来看，照片的对比效果仍然不够强烈。因此，接下来需要进入“色调曲线”面板中做进一步的调整。

3.1.3 第三步：在“色调曲线”面板中加深效果

在“基本”面板中调整完曝光后，并不一定需要在“色调曲线”面板中继续调整，只有当“基本”面板中的调整无法达到期望的效果时，才需要这样做。例如在上一步“基本”面板的调整中，已经大幅度地提高了画面的对比度，但画面的对比效果还是不能令人满意，这时就需要通过调整“色调曲线”面板中的曲线来进一步地加深效果。“色调曲线”面板中的曝光调整是通过调整曲线的形状实现的，其中包括“参数”项调整和“点”选项调整。

1. 在“参数”项中调整曝光

首先，通过“参数”项中的高光、亮调、暗调和阴影进行曝光调整。这四个选项分别对应画面的不同亮度区域，拖动“亮调”滑块可以提亮或压暗亮部区域，拖动“高光”滑块可以修复高光区域的细节，拖动“暗调”滑块可以改变暗部区域的曝光效果，而拖动“阴影”滑块可以修复阴影区域的细节。下面继续以上一节中的样图为例进行实际操作讲解。

在“色调曲线”中使用“参数”项加深效果

在“色调曲线”面板中，向右拖动“亮调”滑块，提亮亮部区域。

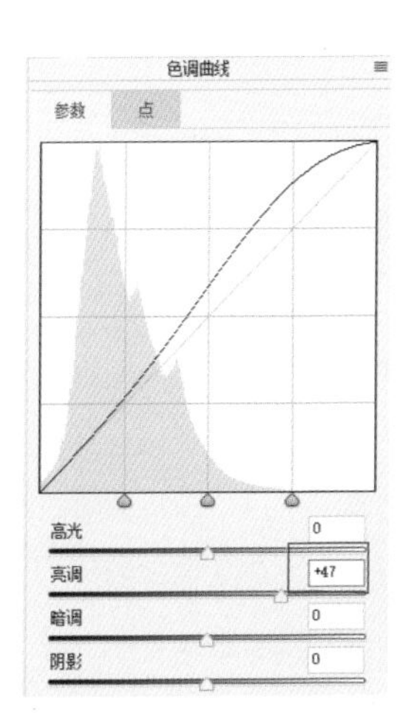

向左拖动“高光”滑块，恢复一些过亮区域的细节。

参数 点
高光 -13
亮调 +47
暗调 0
阴影 0

向左拖动“暗调”滑块，压暗暗部区域。

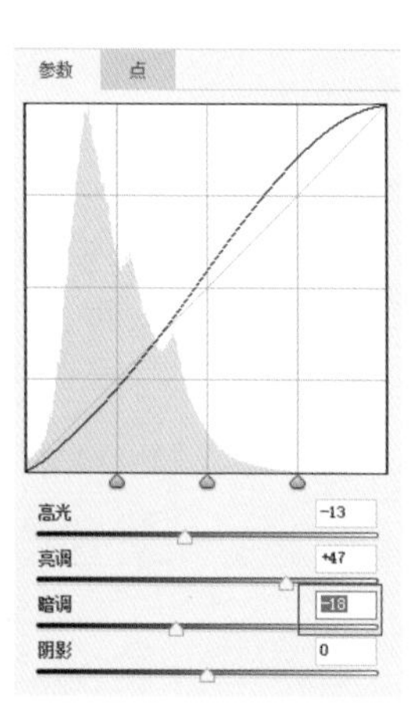

向右拖动“阴影”滑块，增加一些暗部细节。这样调整后，照片的明暗对比度就得到了进一步的加强。

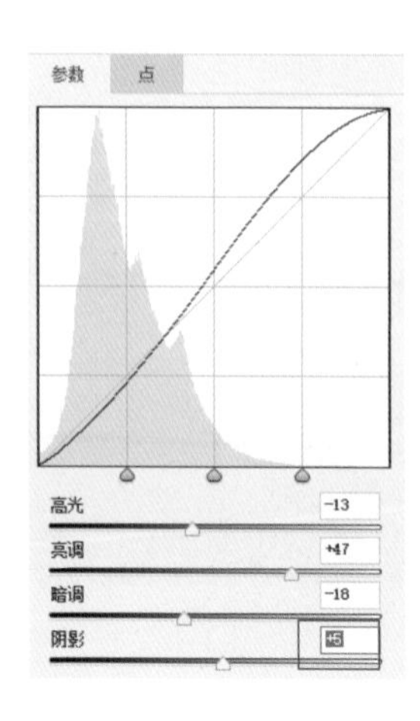

2. 在“点”选项中调整曝光

曲线的初始状态是一条从左下到右上的 45 度直线，直线的中间点代表中间调，左下部分代表阴影，右上部分代表高光。在“点”选项卡中，单击直线上中间调位置的一点，就可以增加一个锚点，向上提拉该点可以提亮画面，向下拖拉该点可以压暗画面。

提亮画面：向上提拉该点就可以提亮画面。

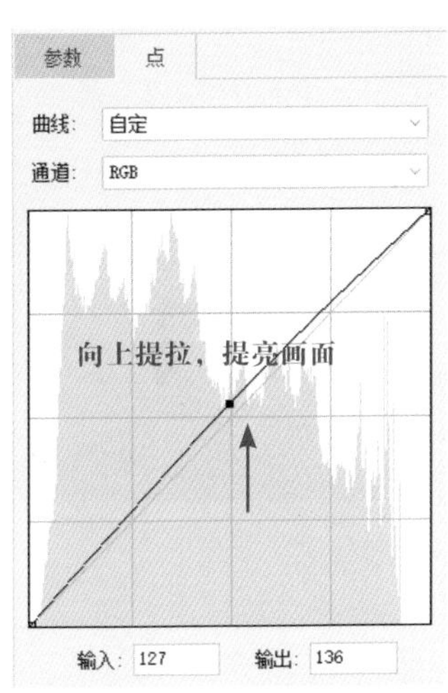

压暗画面：向下拖拉该点就可以压暗画面。

在“色调曲线”中拖拉锚点加深效果

回到例图中来，若想要提高画面的明暗对比效果，就需要分别在亮部和暗部区域增加锚点，然后向上提拉亮部区域的锚点提亮亮部，向下拖拉暗部区域的锚点压暗暗部，这样就形成了一条 S 形曲线，可以看到画面的对比效果得到了有效加强。

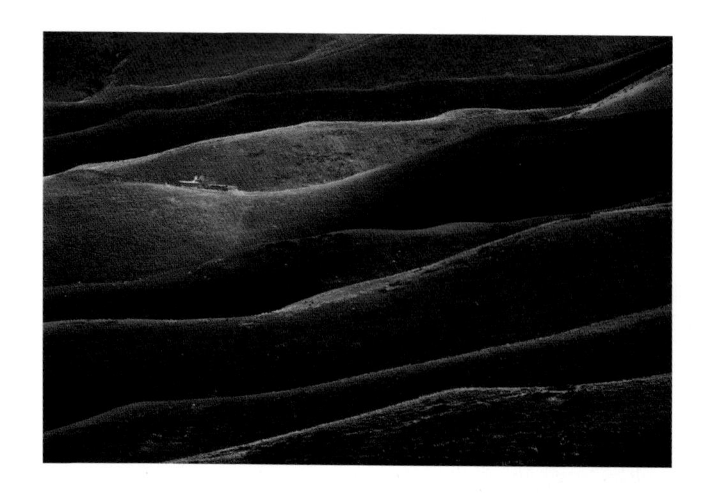

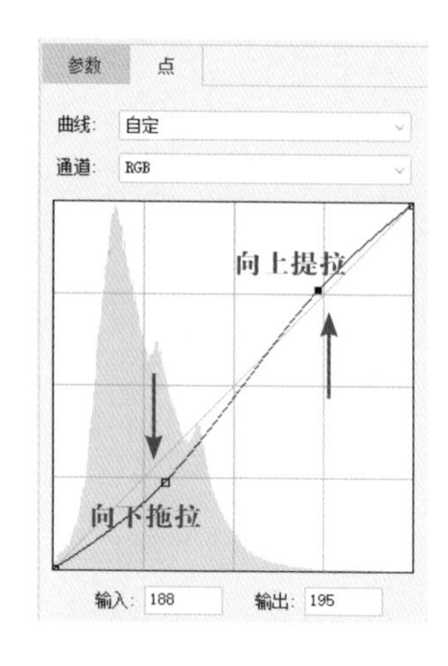

另外，与 S 形曲线相反的是反 S 形曲线，即压暗亮部、提亮暗部，这样就会得到低对比度的画面效果，这种调整适合不需要强对比度的场景，例如有云雾的场景。

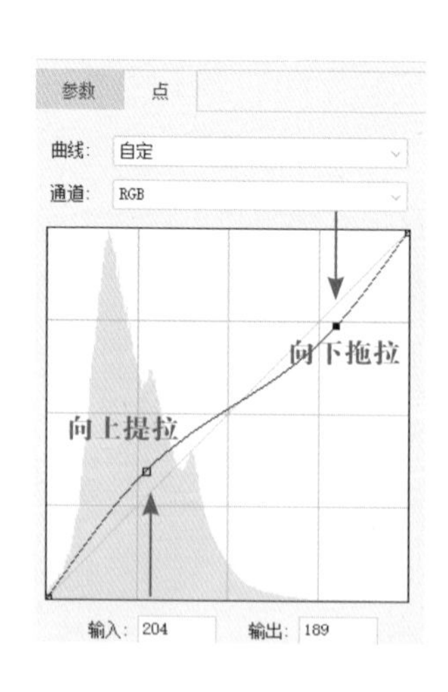

可以使用上面的调整操作方法对大多数 RAW 格式照片存在的发灰、对比度不足问题进行曝光调整。基本的调整思路是先调整到适中的曝光效果，然后定义黑白场，加深对比度，适当提亮暗部、压暗高光。接下来，介绍一些其他常见的曝光调整方法。

3.2 不同影调照片的曝光调整方法

本节将针对常见的欠曝、过曝、暗调、高调、灰调和大光比照片，详细讲解曝光的调整方法。

3.2.1 调整欠曝或过曝的照片

欠曝和过曝是常见的曝光问题，虽然可以通过后期提亮暗部和压暗高光来改善曝光，但并不能就此认为准确曝光不重要。只有保证前期的曝光准确，才可以让后期的调整更轻松，同时也能获得更好的画质和色彩表现。

扫码看视频

1. 调整欠曝照片的曝光

欠曝是最常见的曝光问题之一，调整的思路是先对照片进行整体提亮，定义好黑白场，然后加深对比度，最后再根据画面效果微调曝光效果。

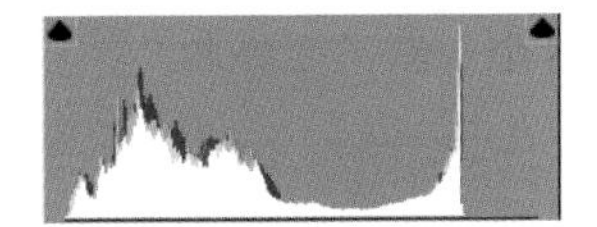

直方图中的像素信息主要分布在暗部和中间调区域，而高光区域缺少分布，说明照片欠曝。

调整的步骤如下。

step 1 向右拖动“曝光”滑块，整体提亮画面，提亮的程度以人物脸部亮部适中为宜。

step 2 向右拖动“白色”滑块、向左拖动“黑色”滑块，拖动的幅度以使直方图左右两侧的像素信息刚好“碰墙”而不“起墙”为宜，这样就确定好了画面的黑白场。

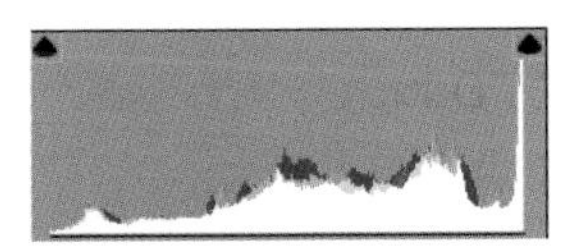

调整时要避免直方图两侧“起墙”溢出。

自动	默认值
曝光	+2.25
对比度	0
高光	0
阴影	0
白色	+15
黑色	-32

step 3 向右拖动“对比度”滑块，增加画面的明暗对比，拖动时同样要避免直方图左右两侧出现“起墙”溢出。有的时候从画面效果来看，对比度必须大幅增加，否则画面会看起来太灰，这时如果出现“起墙”溢出，例如下图中出现的高光溢出，就可以通过向左拖动“高光”滑块来修复。

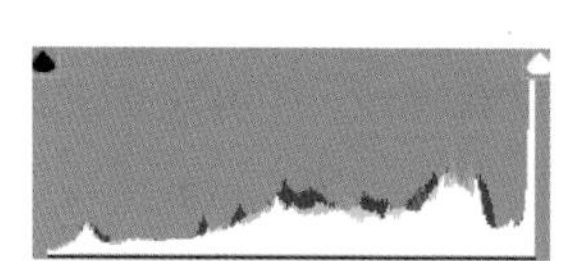

直方图右侧出现“起墙”溢出。

自动	默认值
曝光	+2.25
对比度	+22
高光	0
阴影	0
白色	+15
黑色	-32

step 4 向左拖动“阴影”滑块来压暗暗部区域，继续加深暗部，使画面的对比效果更加强烈。

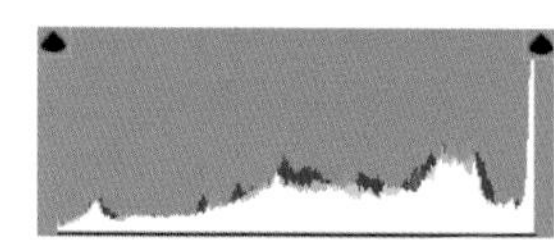

调整后的直方图像素信息从暗到亮都有分布，画面明暗层次分明。

自动	默认值
曝光	+2.25
对比度	+22
高光	-33
阴影	-6
白色	+15
黑色	-32

2. 调整过曝照片的曝光

一张过曝的照片会出现高光细节丢失的情况，调整的思路是通过压暗曝光和减少高光来修复高光细节。如果修复后的效果不够理想，那么就只能作废片处理。

例图中直方图右侧的“起墙”溢出对应画面中过曝的白色雪地。

直方图右侧“起墙”溢出。

调整的步骤如下。

step 1 向左拖动“曝光”滑块，整体压暗画面，拖动的幅度不宜过大，否则压得太暗，容易让画面看起来失真。

直方图的像素信息整体向左偏移，右侧溢出依然存在。

自动 默认值

曝光	-0.80
对比度	0
高光	0
阴影	0
白色	0
黑色	0

step 2 向左拖动“高光”滑块，修复高光细节，直至直方图右侧的“起墙”溢出消除为止。

压暗高光后，溢出消除。

step 3 向右拖动“对比度”滑块，加深明暗对比，使画面的影调层次丰富起来。

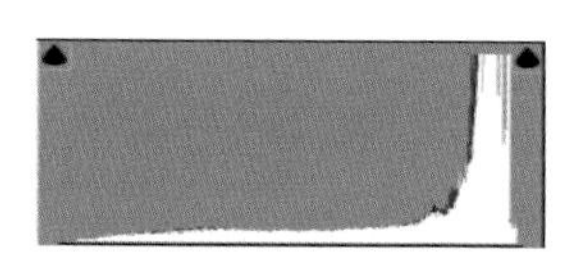

增加对比度时，要避免出现“起墙”溢出。

3.2.2 调整低调或高调照片的曝光

1. 调整低调照片的曝光

低调照片与欠曝照片的直方图类似，要判断一张照片是欠曝还是低调，不能完全依赖直方图，需要结合画面的表达效果来综合判断。

分析直方图，照片的像素信息主要集中在暗部，且高光位置有少量的过曝溢出，由此可以初步判断这是一张曝光不足、明暗反差大的照片。

像素信息大量分布在暗部，高光位置有少量过曝溢出。

结合画面效果来看，照片的影调暗沉，非常适合表现低调的效果。低调照片的调整思路是根据画面表达的需要，对暗部少量提亮或者不提亮；对亮部进行压暗，避免亮部区域太亮影响低调的氛围。分别向左拖动“高光”“白色”滑块压暗高光，直至直方图右侧的“起墙”溢出消除为止。

压暗高光后，亮部溢出消除。

自动 默认值
曝光 0.00
对比度 0
高光 -13
阴影 0
白色 -22
黑色 0

2. 调整高调照片的曝光

扫码看视频

高调照片的特点是画面整体偏亮，直方图的像素信息主要集中在亮部区域，而暗部区域很少分布。针对高调照片的调整思路是保持直方图像素信息大部分集中在亮光区域的形态，少量压暗高光。另外，在不影响画面表达的前提下，允许高光位置出现少量的过曝区域。

分析画面的整体效果，符合亮调照片的要求，针对直方图右侧出现的少量高光溢出，可以有选择地进行修复。

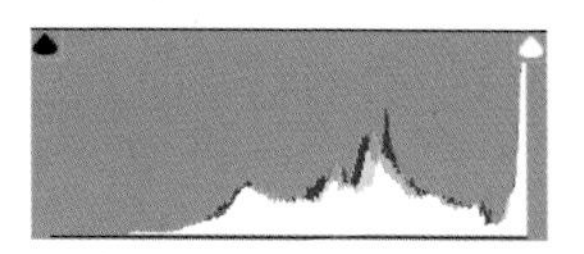

直方图右侧“起墙”溢出。

按照高调照片的调整思路，继续保持直方图像素信息大部分集中在亮光区域的形态，只需要少量压暗高光，修复高光细节即可完成曝光调整。

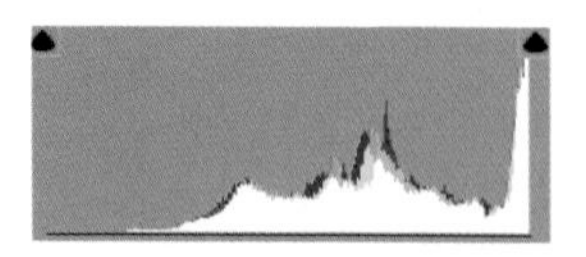

减少高光后，溢出消除。

自动	默认值
曝光	0.00
对比度	0
高光	-63
阴影	0
白色	0
黑色	0

3.2.3 调整灰调效果照片的曝光

与对比度不足、照片发灰的照片不同，灰调照片常见于阴雨天、雾天等场景，其直方图像素信息主要集中在中间调区域，而在暗部和高光很少有分布，主要表达一种简洁和唯美的艺术感。灰调照片的调整思路是不需要直方图的明暗区域都有像素分布，只需要根据画面的明暗程度稍微提亮或压暗，让画面看起来更通透即可。

扫码看视频

这是一张画面简洁、意境深远，适合表现灰调效果的照片。照片的直方图中的像素信息主要集中在中间调区域。

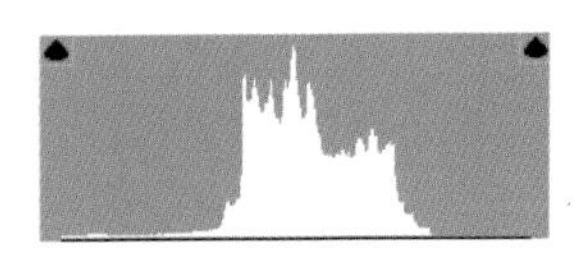
直方图像素信息集中在中间调区域。

确定用灰调去表现画面效果后，就不需要对照片做过多的处理，只要向右拖动“高光”和“白色”滑块，向右拖动“阴影”滑块，将画面提亮一些即可。

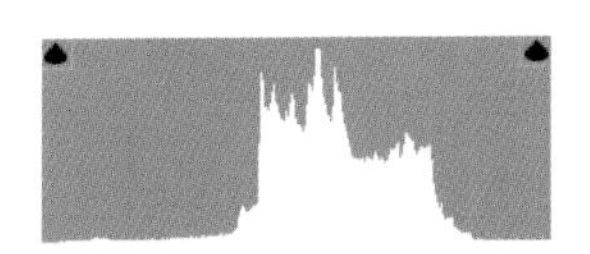
调整后的直方图像素信息拉得更开，分布的区域扩大，灰调的画面氛围更明显。

自动 默认值
曝光 0.00
对比度 0
高光 +31
阴影 +19
白色 +34
黑色 0

在判断一张照片是否符合灰调效果时，不能单纯依靠直方图。例如下面这张照片的直方图像素信息同样集中在中间调区域，亮部和暗部区域很少分布，但这却不是一张适合表现灰调效果的照片。

这张照片存在两个问题：一是画面较为杂乱，二是缺少灰调应有的氛围意境。因此处理这样的照片时需要大幅度地增加对比度，让画面看起来不灰。

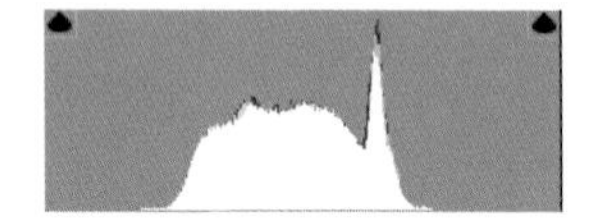

直方图像素信息集中在中间调区域，但画面效果不符合灰调特征。

调整的步骤如下。

step 1 向左拖动“曝光”滑块减少曝光量。

step 2 减少黑色，增加白色，确定照片的黑白场。

step 3 增加对比度，调节高光和阴影，微调曝光，完成调整。

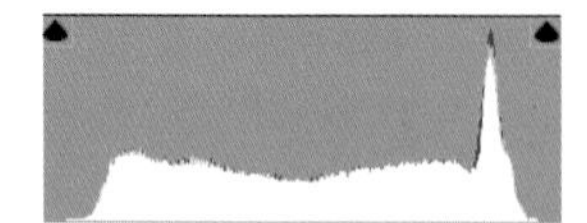

调整后的直方图像素信息从暗到明都有分布，画面对比效果得到加强。

自动　默认值

曝光	-0.15
对比度	+98
高光	+43
阴影	-59
白色	+58
黑色	-33

3.2.4 调整大光比场景下照片的曝光

扫码看视频

大光比场景是指明暗反差较为强烈的场景，例如常见的逆光场景。在这种场景下拍摄出的照片通常会呈现亮部过亮、暗部过暗的效果。调整的思路是对暗部进行提亮，并对亮部进行压暗，以平衡明暗间的光比，还原更多的细节，让照片看起来更有层次。

例图是一张逆光照片，画面呈现出的效果是高光过曝、暗部欠曝。

直方图右侧“起墙”溢出，暗部有色彩溢出。

调整的步骤如下。

step 1 向左拖动“曝光”滑块，整体压暗画面，恢复天空云层的细节。

step 2 向左拖动“白色”滑块、向右拖动“黑色”滑块，确定画面的黑白场。

step 3 向右拖动“对比度”滑块，增加画面的明暗对比。

step 4 向左拖动“高光”滑块来修复高光溢出，由于强烈的阳光肯定会过曝，因此这里的高光修复只要能部分修复太阳周边的天空细节即可，不需要追求将高光溢出全部消除。

step 5 向右拖动“阴影”滑块来提亮暗部区域，减少明暗间的反差。

调整后，暗部细节清晰，天空云层得到恢复。

自动 默认值

曝光	-0.50
对比度	+48
高光	-27
阴影	+67
白色	-12
黑色	+46

第 4 章 调整照片的整体色彩

在 Camera Raw 中调整照片的整体色彩分为两步操作。

首先，校正白平衡，纠正照片色偏；其次，渲染照片的色调，获得理想的艺术效果，主要通过增加饱和度，调整色温色调，使用预设、分离色调以及曲线通道来改变色调。

4.1 校正色偏，还原真实的色彩

在对照片的色彩进行调整前，先要校准照片的色彩，将其还原到真实的色彩效果，然后再做进一步的艺术色调加工。校正色彩是通过校正白平衡来实现的。

4.1.1 导致照片偏色的原因

受环境光线的影响，拍出的照片会偏向光源的颜色，这时就需要使用相机上的白平衡功能对色彩进行校正。若出现白平衡设置错误或者在复杂光线条件下白平衡不准的情况，就需要在后期处理时，对这种色偏进行校正。

4.1.2 通过校正白平衡来纠正照片偏色

本小节介绍三种校正白平衡的方法，第一种方法是更改白平衡预设，第二种方法是使用白平衡工具选择灰点进行校正，第三种方法是拖动“色温”“色调”滑块进行调整。

1. 更改白平衡预设

白平衡预设的调整方法很简单，在第 2 章介绍 RAW 格式和 JPEG 格式的调整差异时，曾经讲过这两种照片格式的区别。下面以一张 RAW 格式的照片为例，介绍如何使用白平衡预设来校正白平衡。

扫码看视频

01 分析照片

受室内光线的影响，人物的肤色偏向灯光的颜色，看起来偏黄。

02 选择自动白平衡

通常在白平衡下拉选项中选择“自动”，就可以获得相对准确的白平衡。

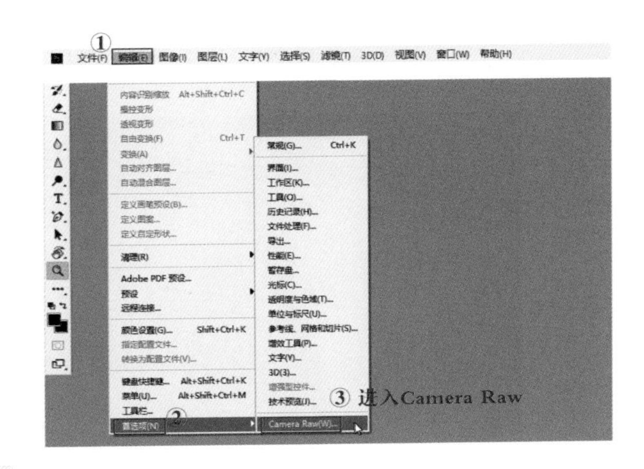

03 选择现场灯光对应的白平衡

如果照片是在特定照明环境下拍摄的，例如在白炽灯的场景下，就可以直接选择选项中的“白炽灯”来校正白平衡。

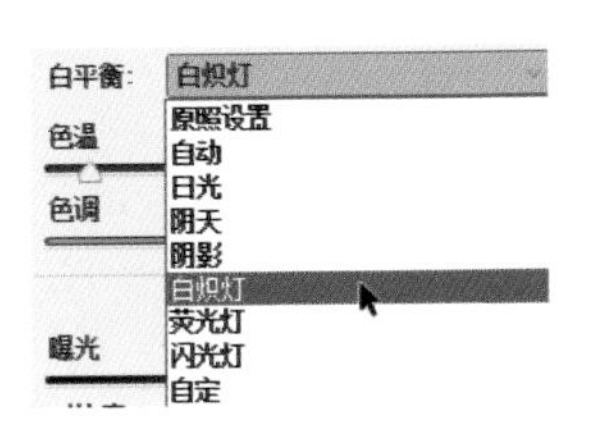

接下来的两种白平衡调整方法，同时适用于 RAW 格式和 JPEG 格式的照片。

2. 使用白平衡工具选择灰点进行校正

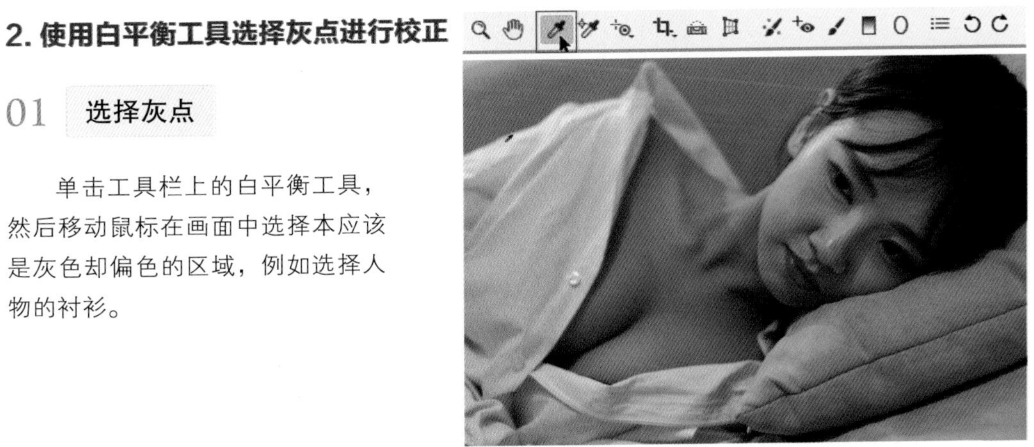

01 选择灰点

单击工具栏上的白平衡工具，然后移动鼠标在画面中选择本应该是灰色却偏色的区域，例如选择人物的衬衫。

02 单击灰点校正白平衡

在选点位置单击鼠标左键，就可以完成白平衡校正。

3. 拖动“色温”“色调”滑块调整白平衡

由于照片偏暖色，因此需要向左拖动“色温”滑块，增加冷色调；向左拖动“色调”滑块，微调品红色，使人物的肤色更自然。

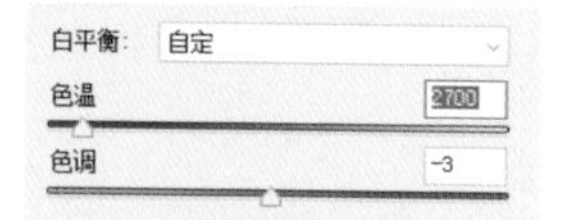

4.2 渲染艺术色调

还原出照片的真实色彩后，就可以通过调整饱和度，改变色温色调，使用预设、分离色调以及曲线通道做进一步的艺术色调加工，达到渲染艺术色调的目的。

4.2.1 调整饱和度，改变画面色彩鲜艳度

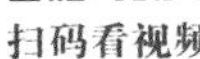

1. 让照片更鲜艳

在 Camera Raw 中可以通过调整饱和度、自然饱和度来增加画面的鲜艳程度。同样都是调整饱和度的数值，这二者有什么区别呢？

原图

效果图

以一张人像作品为例，向右拖动“饱和度”滑块，可以看到调整后的照片色彩过于浓郁，画面效果不理想。

自然饱和度 0
饱和度 +40

将饱和度归零，增加相同数值的自然饱和度，此时可以观察到，照片的饱和度效果有所增加，但并不像增加饱和度那样强烈，画面效果看起来更加自然。相比增加饱和度，增加自然饱和度会增加未饱和颜色的色彩，而对已经饱和的色彩只做很轻微的增加。

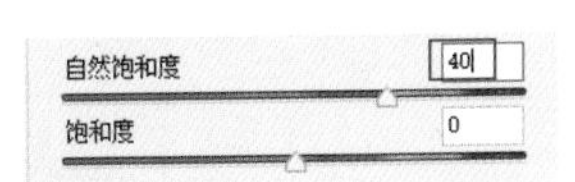

原图

效果图

在日常操作中，应减少饱和度的应用，尽量使用自然饱和度来增加画面的饱和度。

2. 制作低饱和度的画面效果

低饱和度的画面效果常见于人文纪实类照片，通常会表达一种岁月沧桑的画面感。想要实现这种效果，只需要减少自然饱和度和饱和度即可。

4.2.2 调整色温、色调，改变画面整体色调

前面学习了使用色温、色调来校正白平衡的方法，下面来学习如何通过改变色温、色调制作出特殊色调的画面效果，例如冷色调效果和暖色调效果。

1. 制作冷色调效果

扫码看视频

冷色调的效果适合表现清晨阳光还没有完全升起时的山谷河道以及傍晚的暮色场景，通常给人一种镇静、悠远的画面感。

01 分析照片

这是一张色彩还原准确的照片，但这张照片呈现出的色调效果较为平淡，缺少吸引力。

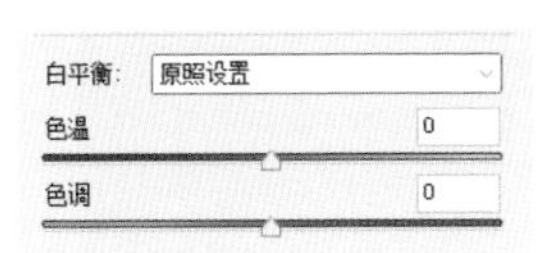

02 改变色温

下面通过改变色温，来改变照片的色调效果。向左拖动“色温”滑块，照片立刻呈现出冷色调的画面氛围。

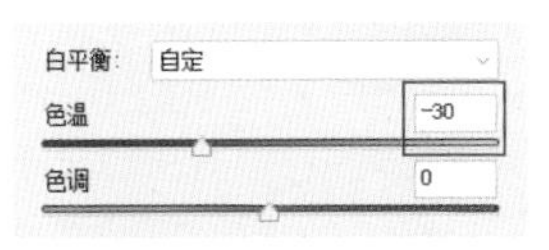

2. 制作暖色调效果

暖色调的效果适合表现日出日落时的场景，通常给人一种热烈、温暖的画面感。

扫码看视频

01 分析照片

这同样是一张色彩准确的照片，但照片的色调效果较为平淡，不够热烈。

白平衡：原照设置
色温 0
色调 0

02 改变色温

首先，向右拖动“色温”滑块，使照片变暖，这时的画面色彩看起来有些偏黄。

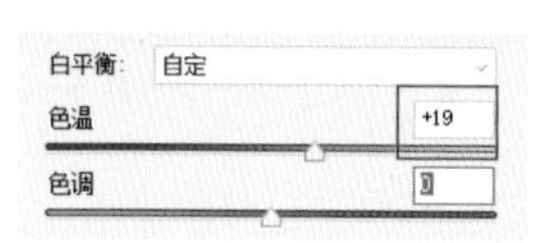

03 改变色调

接下来，向右轻微拖动“色调”滑块，加一些洋红色，画面看起来有一些阳光照耀的橙黄色效果。

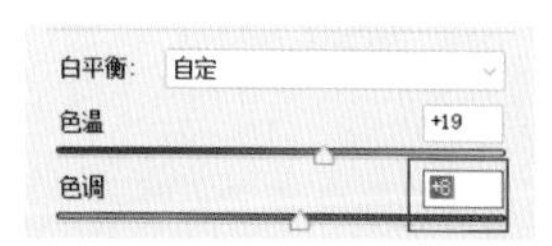

4.2.3 通过更改配置文件改变画面的整体色调

通过更改配置文件，选择不同的色彩效果，可以快速改变画面的整体色调。

在配置文件下拉菜单中选择“浏览”。

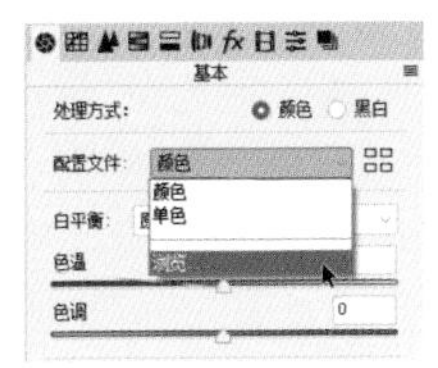

可以在黑白、老式、现代以及艺术效果中选择不同的色彩效果。这里选择“老式 04”，得到了一种暖暖的电影色调效果。

可以通过拖动数量滑块来更改应用的强度，向左拖动为减少，向右拖动为增加。

4.2.4 使用分离色调制作特殊色调

1. 制作电影色调

分离色调可以分别针对高光和阴影区域进行色相和饱和度的单独调整。使用时需要先增加一点儿饱和度的数值，然后再拖动“色相”滑块查看应用的色调效果。

例如，想要让下面这张照片的效果带有一些冷色调，那么可以先增加高光和阴影的饱和度数值，然后拖动高光的“色相”滑块使高光区域偏向青绿色，接下来拖动阴影的“色相”滑块使暗部区域偏向蓝色，这样就使画面有了冷色调的电影氛围，同时对高光和阴影的不同着色也使画面有了色彩层次感。分离色调的色彩调整没有固定要求，主要看个人对色彩的理解和喜好。

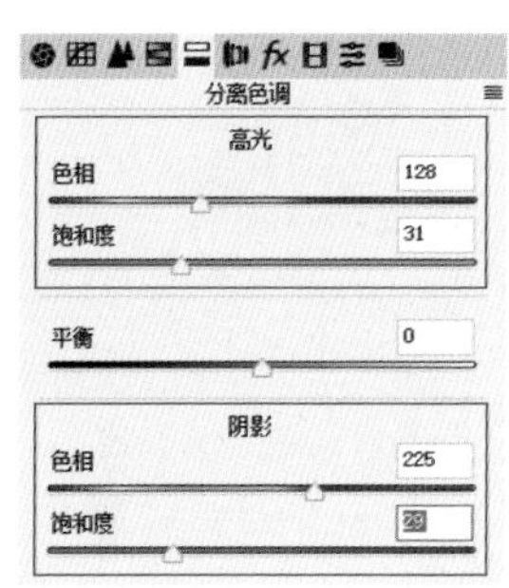

面板中的“平衡”滑块可以改变高光和阴影的应用范围，向右拖动就会增加高光的应用范围，原来应用阴影效果的暗部区域就会减少。向右拖动“平衡”滑块，整体色调会偏向于高光色调的调整效果；反之，向左拖动“平衡”滑块，整体色调会偏向于暗部色调的调整效果。

2. 制作怀旧色调

可以通过分离色调功能让简单的黑白照片看起来更具特别的意味。

拖动“色相”滑块至青蓝色位置，然后增加饱和度，就可以为黑白照片蒙上一层清冷的色调效果。

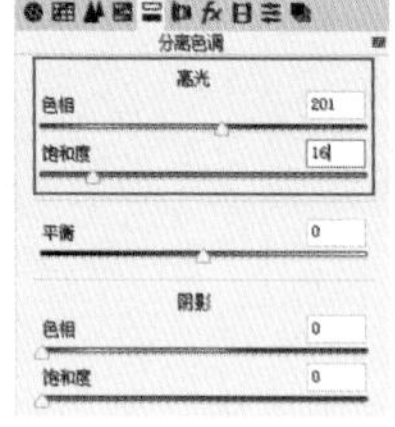

继续拖动阴影中“色相”滑块至橙色位置，增加饱和度后，画面呈现出怀旧的色调效果。

4.2.5 使用曲线通道强化特殊色调

曲线通道分为红、绿、蓝三色通道。在红色通道中，有红色和青色两种互补色，任意增加锚点并向上提拉会增加红色（减少青色），向下拖动会增加青色（减少红色）。

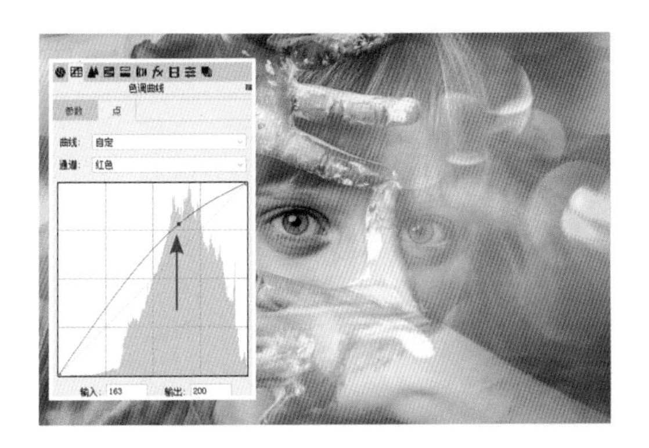

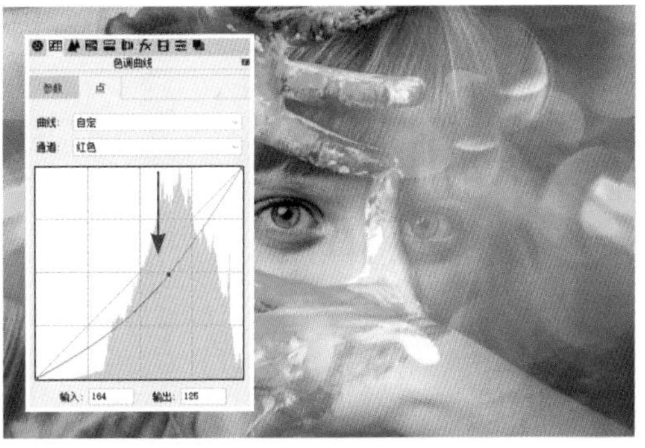

在绿色通道中，有绿色和洋红色两种互补色，任意增加锚点并向上提拉会增加绿色（减少洋红色），向下拖动会增加洋红色（减少绿色）。

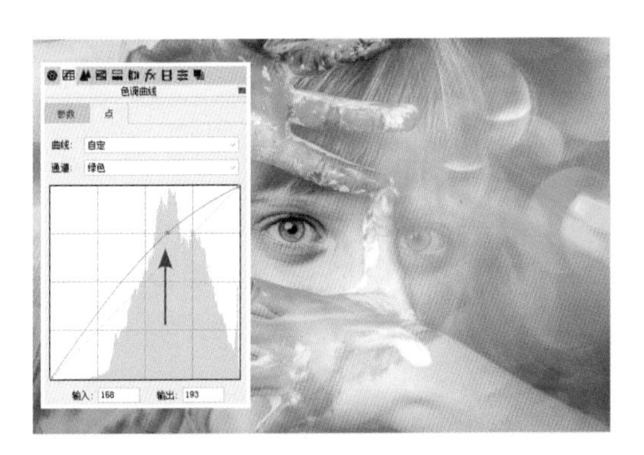

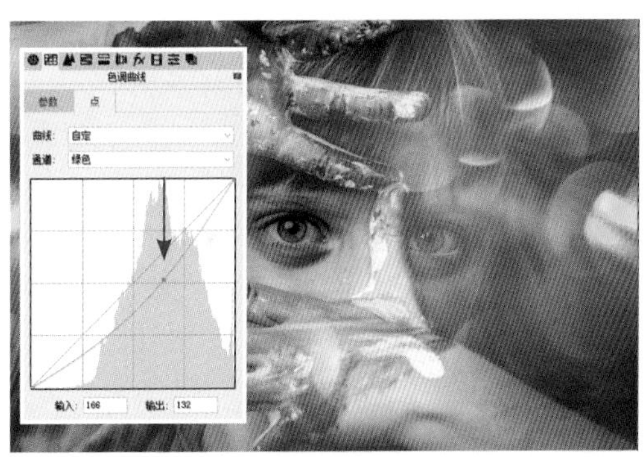

在蓝色通道中，有蓝色和黄色两种互补色，任意增加锚点并向上提拉会增加蓝色（减少黄色），向下拖动会增加黄色（减少蓝色）。

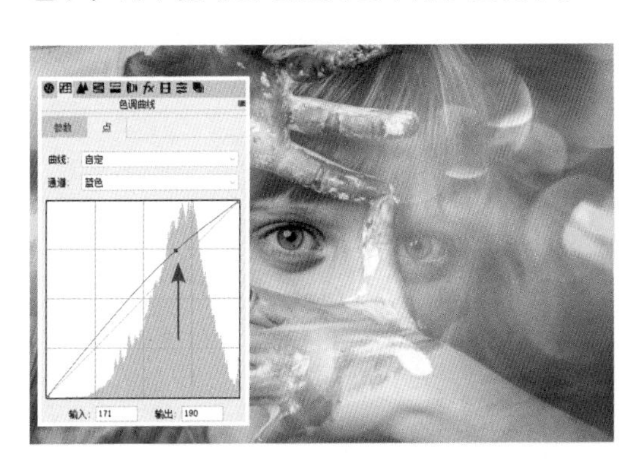

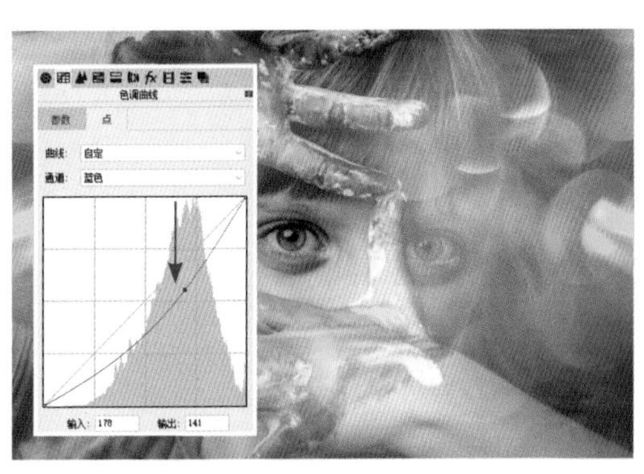

接下来，按照上述的通道调色原理，学习如何使用曲线通道来调整照片的整体色调。

1. 强化画面中的暖橙色调

暖橙色调常见于落日时刻，有一种阳光洒落的暖意融融之美。分析例图，不难看出画面中的色彩有些偏黄，呈现出的视觉效果较为平淡，缺少阳光洒落的热烈氛围。

对此图调整的思路是借助色调曲线中的通道添加红色和黄色，混合出充满阳光感的暖橙色效果，从而强化渲染出落日时的热烈气氛。

01 在红色通道中整体增加红色

选择红色通道，在曲线的任意位置增加锚点并向上提拉，让画面的整体色调偏向红色。

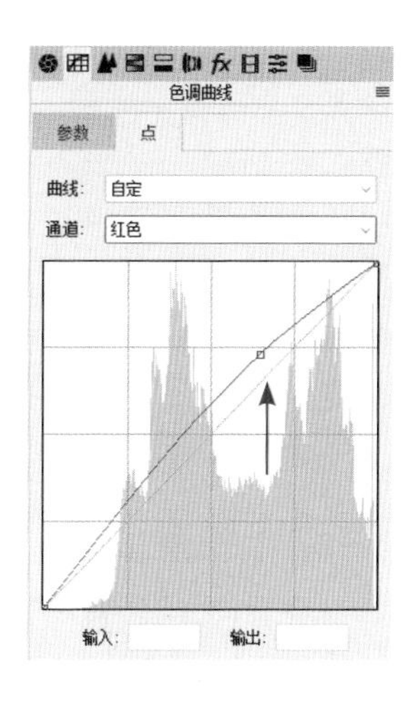

02 在蓝色通道中整体增加黄色

增加黄色的目的是让黄色和红色混合出偏橙色的色调效果，这样才更有夕阳照射的温暖效果。选择蓝色通道，在曲线的任意位置增加锚点并小幅下拉，增加少量黄色。这样就调整出橙黄色的暖阳效果了。

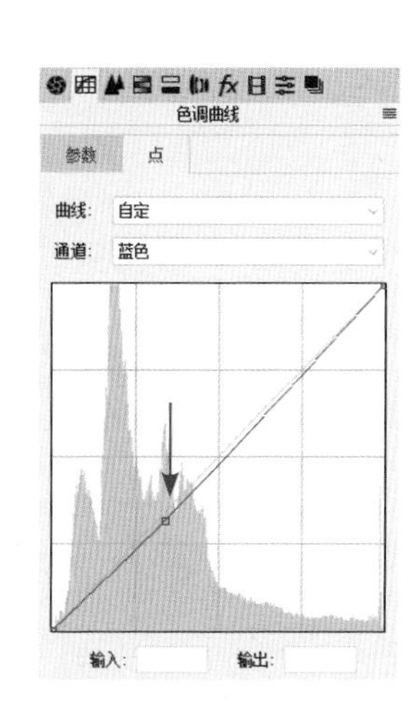

2. 改善人物肤色

在上个例子中，调整思路是通过让照片偏向橙黄色来突出暖阳的画面氛围，但接下来的这幅照片并不适合让照片呈现暖橙色调，因为场景中的主体人物占比较大，而人物的肤色并不适合用较重的橙黄色来表现，需要借助色调曲线中的红色和蓝色通道，来减少橙色，让人物的肤色看起来更加自然。

扫码看视频

01 在蓝色通道中减少黄色

在蓝色通道中，蓝色与黄色是互补色，因此增加蓝色就可以起到减少黄色的作用。选择蓝色通道，在曲线上增加锚点，并向上提拉，为画面增加蓝色。

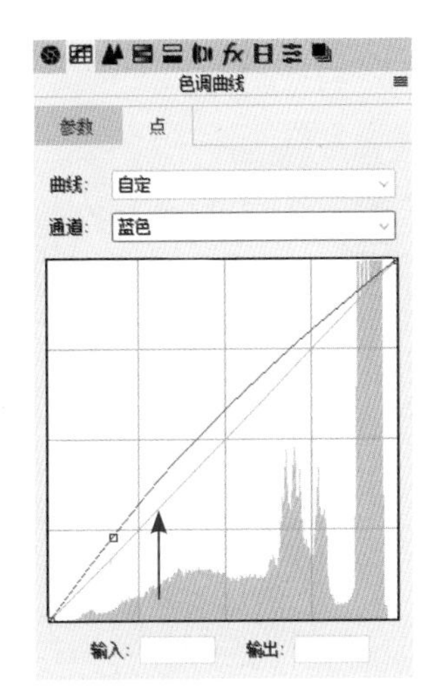

02 在红色通道中减少红色

在红色通道中，增加锚点，并向下拖拉增加青色，就可以起到减少红色的作用。通过以上减少黄色和减少红色的操作，整个画面色彩特别是人物的肤色会看起来更加自然真实。

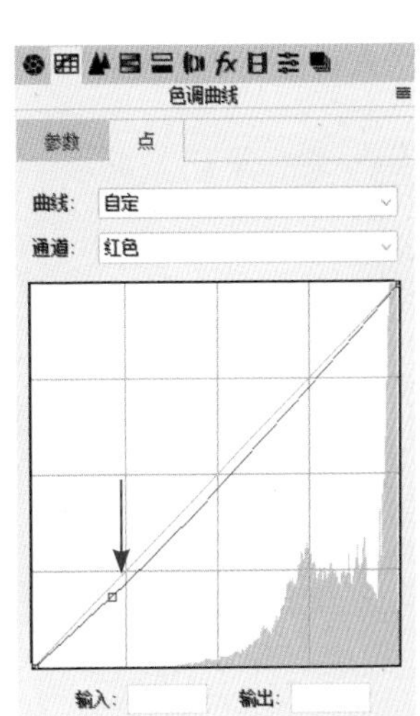

3. 制作胶片色调

胶片色调往往呈现出低对比度和低饱和度的画面效果，画面会整体偏色，例如偏青、偏黄或者偏粉色。下面通过增加蓝色、绿色和青色，让照片呈现偏青色的胶片效果。

扫码看视频

01 在绿色通道中增加绿色

选择绿色通道，向上拖动暗部端点，给画面的暗部添加绿色。由于是整体拖动曲线，因此画面的整体会呈现绿色效果。

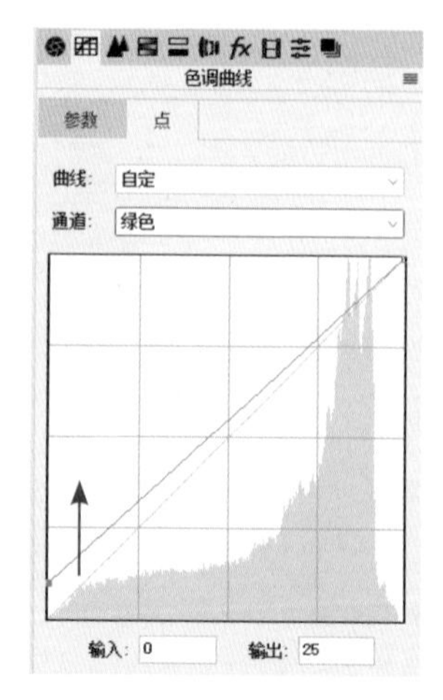

02 在蓝色通道中增加蓝色

接下来，选择蓝色通道，同样向上拖动暗部端点，给画面增加蓝色以减少黄色，让画面的色彩偏向青色（绿色混入蓝色会中和出青色）。

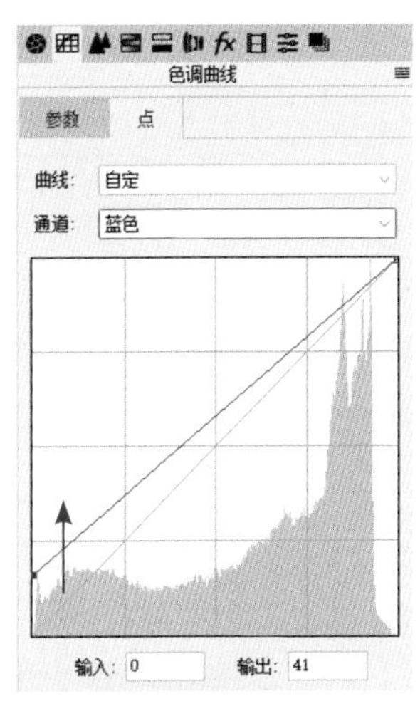

03 在红色通道中增加青色

选择红色通道，向右拖动暗部端点，给暗部区域增加青色，这样整体的画面效果就偏向了青绿色，呈现出胶片效果。

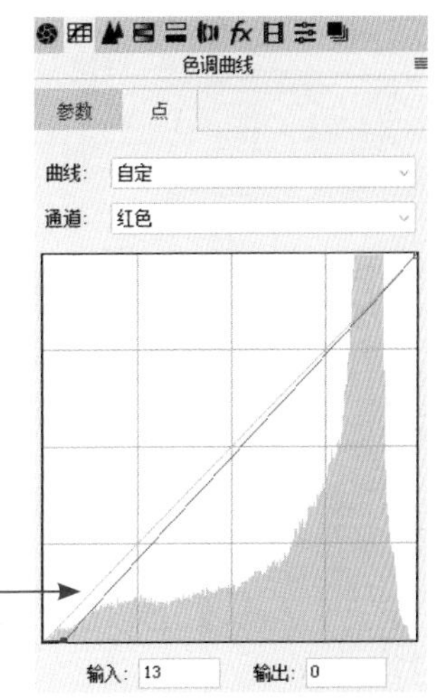

4.2.6 制作黑白照片

本节将介绍在Camera Raw中转换黑白照片的两种方法。

后期思路

方法一：去饱和度，转换为黑白效果

去饱和度、调整基础曝光，通过更改色温、色调来优化影调。

方法二： 在配置文件中将照片更改为单色

在配置文件中将照片更改为单色，调整基础曝光后，在HSL中调整影调分布。

扫码看视频

1. 去饱和度，转换为黑白效果

01 去饱和度

在“基本”面板中，向左拖动“饱和度”“自然饱和度”滑块至 –100，将照片转换为黑白效果。

自动 默认值

曝光	0.00
对比度	0
高光	0
阴影	0
白色	0
黑色	0
纹理	0
清晰度	0
去除薄雾	0
自然饱和度	-100
饱和度	-100

02 调整基础曝光

向左拖动“黑色”滑块，向右拖动“白色”滑块，定义黑白场；增加曝光和对比度，减少高光和阴影，完成基础曝光的调整。

自动 默认值

曝光	+0.15
对比度	+30
高光	-37
阴影	-7
白色	+32
黑色	-35

03 更改色温色调，优化影调

拖动“色温”和“色调”滑块，改变明暗的分布。

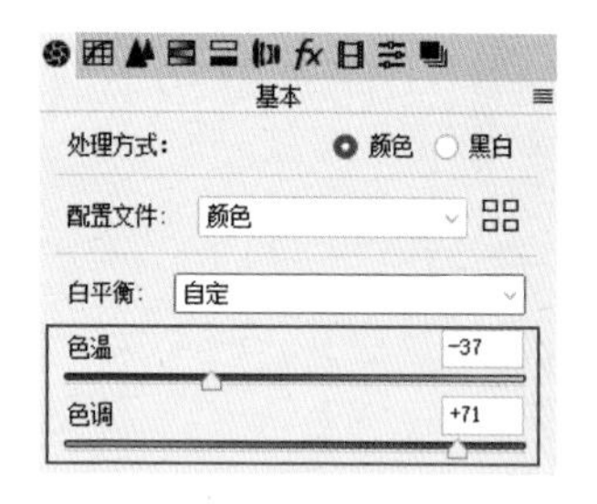

2. 在配置文件中将照片更改为单色

01 转为单色，调整基础曝光

首先，在配置文件下拉菜单中选择单色，将照片一键转换为黑白效果；然后调整基础曝光，加深影调。

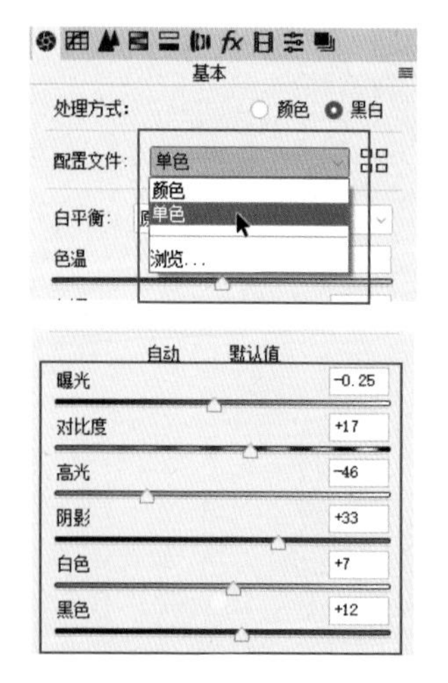

02 在“黑白混合”面板中调整明暗分布

接下来，除了可以拖动“色温”“色调”滑块来改变明暗分布以外，还可以在“黑白混合”面板中进行更精细的明暗调整。

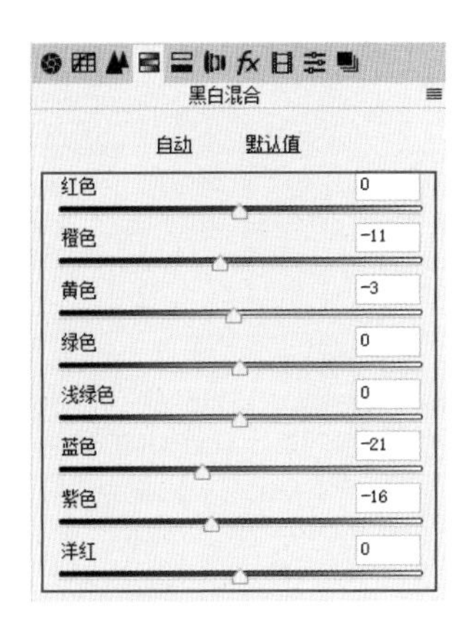

黑白混合面板中包含了8种颜色，拖动这些颜色滑块就可以改变画面中的明暗分布。以橙色为例，该颜色对应彩色照片中人物的脸部，因此向左拖动该滑块，就能实现对人物脸部的压暗。

03 增加清晰度

在调整男性照片时，往往会追求硬朗一些的画面效果，因此可以适当地增加纹理和清晰度。如果是调整柔美的女性照片，就需要降低清晰度。

自动 默认值
曝光 -0.25
对比度 +17
高光 -46
阴影 +33
白色 +7
黑色 +12
纹理 +36
清晰度 +19
去除薄雾 0

第 5 章

调整照片的局部色彩和曝光

掌握照片调整的关键是要学会局部调整，本章来学习如何使用 HSL 调整照片的局部色彩，以及如何使用工具栏中的渐变滤镜、径向滤镜和调整画笔来调整照片的局部曝光。

5.1 使用HSL调整局部色彩

本节介绍如何使用 HSL 中的色相、饱和度和明亮度来调整画面的局部色彩。

5.1.1 制作冷暖效果

这是一张发灰、缺少色彩过渡的照片，调整的思路是改变局部色彩以营造冷暖对比的色调效果。

扫码看视频

后期思路

① **调整曝光和白平衡**

提高画面的明暗对比度；改变色温，制作冷暖对比的色彩基调。

② **使用HSL调整局部色彩**

在“HSL调整”面板中，调整色相、饱和度和明亮度，强化突出冷暖对比的画面氛围。

01 分析照片

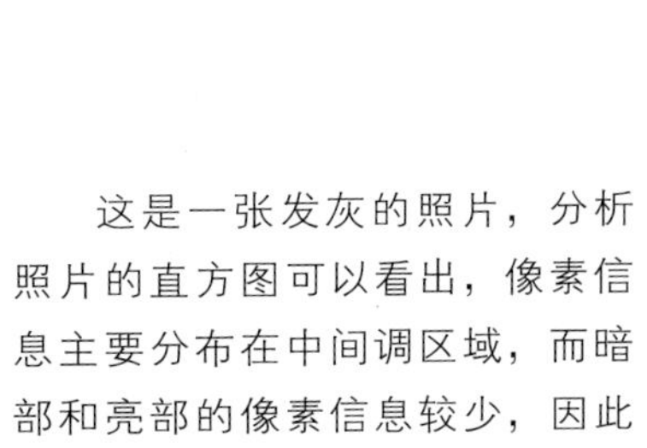

这是一张发灰的照片，分析照片的直方图可以看出，像素信息主要分布在中间调区域，而暗部和亮部的像素信息较少，因此需要增加画面的明暗对比来改善发灰的问题；另外，照片的色彩层次感不强，需要进行色彩调整。

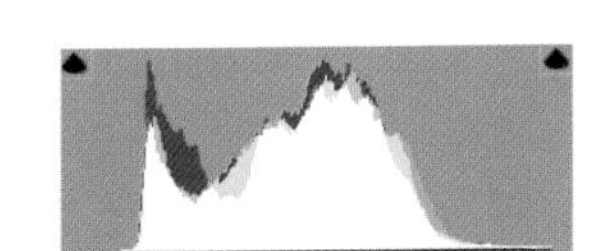

02 调整基础曝光

在“基本”面板中，向左拖动“黑色”滑块、向右拖动“白色”滑块，确定照片的黑白场；向右拖动“对比度”滑块，增加明暗对比度；向左拖动“高光”滑块，压暗亮部；向右拖动“阴影”滑块，提亮暗部。在拖动的过程中实时观察直方图，尽量避免直方图两侧“起墙”溢出。

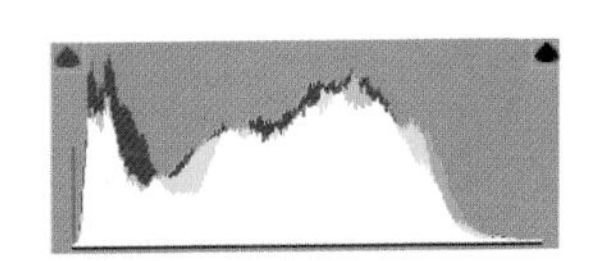

自动	默认值
曝光	0.00
对比度	+40
高光	-21
阴影	+6
白色	+45
黑色	-47

03 改变色温，制造冷暖对比效果

向左拖动“色温”滑块，使照片色调偏冷一些，这样冷色的阴影区域就与暖色的树木形成冷暖对比的画面效果。

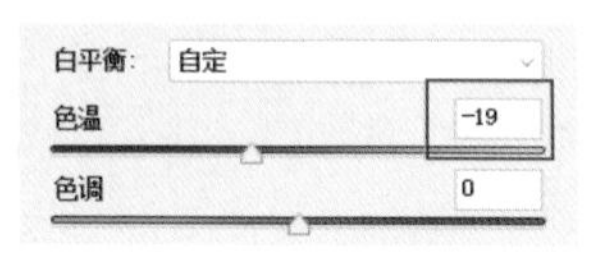

确定了照片的整体色彩基调后，下面进行局部色彩的调整。具体的调整思路如下：

①平衡色彩和明亮度，避免某一颜色太过突兀，使画面效果看起来更和谐；②改变树叶的色相，使它们更具阳光照耀的暖橙色效果。

04 平衡色彩和明亮度

在“HSL 调整”面板中选择“饱和度”选项，向左拖动“黄色”滑块，降低画面中黄色树叶的饱和度，避免其过于抢眼；向右拖动“蓝色”滑块，加强冷色区域的氛围。

色相 饱和度 明亮度
默认值
红色 0
橙色 0
黄色 -23
绿色 0
浅绿色 0
蓝色 +13
紫色 0
洋红 0

与调整饱和度的思路一致，在明亮度选项卡中，向左拖动“黄色”滑块，降低黄色树叶区域的亮度，避免其过于抢眼；向右拖动“蓝色”滑块，提亮冷色区域，这样会影响晨雾，更利于强化雾气缭绕的效果。

05 改变树叶的色相

在色相选项卡中，向左拖动“橙色”和“黄色”滑块，改变树叶的色相，使其呈现出被阳光照射后的暖橙色效果。

5.1.2 提亮人物肤色

调整人像照片时，需要重点注意对人物肤色的还原。通常人物的肤色接近于橙色，因此可以通过改变橙色的明亮度和饱和度来改善人物的肤色。

后期思路

扫码看视频

① 调整曝光和白平衡

整体提亮画面，校准白平衡。

② 使用HSL调整局部色彩

在“HSL调整”面板中调整参数，提亮人物肤色；压暗主体人物以外的色彩亮度，有效突出人物。

01 分析照片

这是一张偏暗的照片，直方图的像素信息大部分集中在左侧的暗部区域，由于这并不是表现暗调效果的照片，因此需要先对照片进行提亮处理。

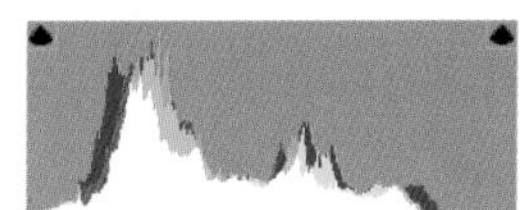

02 调整基础曝光

在“基本”面板中，向右拖动“曝光”滑块，整体提亮画面，向左拖动“黑色”和“白色”滑块，确定照片的黑白场；向右拖动“对比度”滑块，增加明暗对比；向左拖动“高光”滑块，压暗亮部；向右拖动“阴影”滑块，提亮暗部。在拖动的过程中应实时观察直方图，避免直方图两侧出现“起墙”溢出的情况。

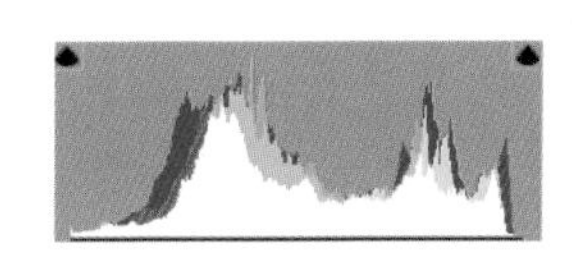

自动 默认值

曝光 +1.00
对比度 +13
高光 -3
阴影 +27
白色 -7
黑色 -13

03 增加自然饱和度

向右拖动“自然饱和度”滑块，增加画面的饱和度，让画面的色彩效果更丰富一些。

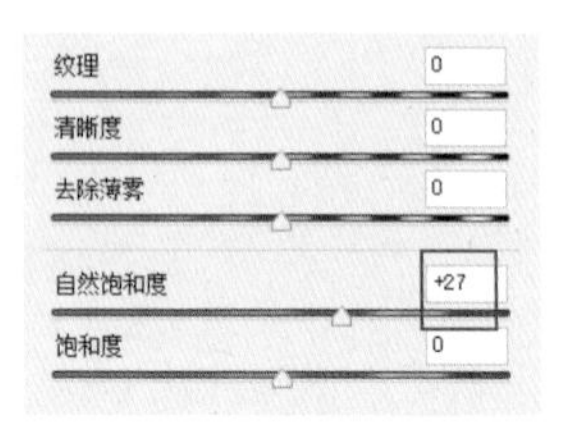

04 校正白平衡

原图看起来有些偏暖色，需要对白平衡进行校准，单击工具栏上的白平衡工具，再单击照片右上角的墙壁，校准后的画面色彩还原准确，不再偏暖色。

05 在“HSL调整”面板中调整局部色彩

在本例中，调整的思路是使用 HSL 提亮人物肤色，压暗周边环境的色彩，以便更好地突出主体人物。

在明亮度选项卡中，向右拖动影响人物肤色的“橙色”滑块，提亮脸部；向左拖动“黄色”滑块，压暗背景中的门框和窗帘；向左拖动“绿色”和“浅绿色”滑块，压暗黑板，这样就可以有效地突出主体人物。

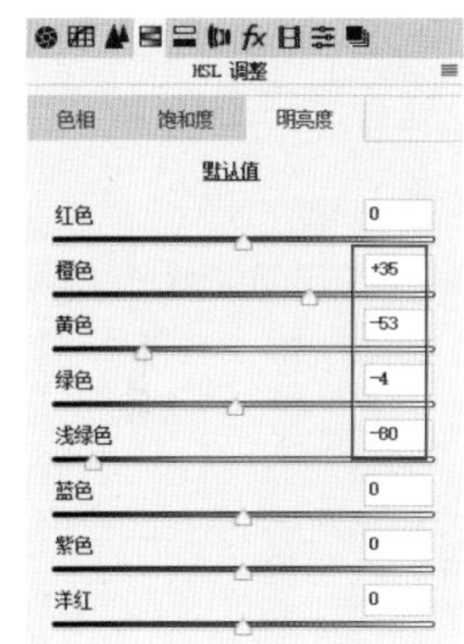

在饱和度选项卡中，向右拖动“橙色”滑块，增加人物脸部的饱和度，让人物的脸部看起来更加红润。

5.1.3 制作黑金色调

黑金色调常用于表现夜景照片的炫酷效果。本小节将介绍如何使用HSL调出黑金色调。

后期思路

① **改变色相**

在色相选项卡中将画面中的暖色往金色偏移。

② **调整饱和度**

在饱和度选项卡中降低画面中冷色的饱和度，直至其降为灰黑色。

③ **优化曝光**

在明亮度选项卡中，提亮金色灯光；在基本面板中加深对比效果。

扫码看视频

01 改变色相

调整夜色中的灯光效果。在色相选项卡中，大幅度地向右拖动“橙色”滑块、向左拖动“黄色”“绿色”滑块，使画面中的灯光偏向金色效果。

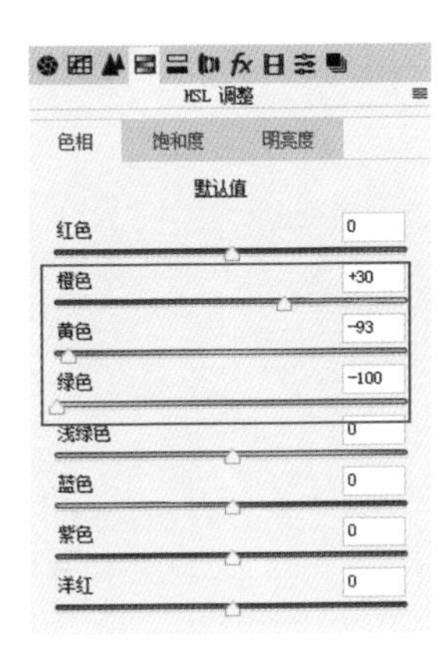

02 调整饱和度

调整灯光以外的色彩。在饱和度选项卡中，分别向左拖动“绿色”“浅绿色”“蓝色”“紫色”“洋红”滑块，直至画面中的冷色区域变为灰黑色。接下来，根据画面效果的需要，增加橙色和黄色的饱和度，使金色的效果更加突出明显。

03 调整明亮度

提亮灯光的效果。在明亮度选项卡中，向右拖动“橙色”“黄色”滑块，对灯光区域进行提亮。

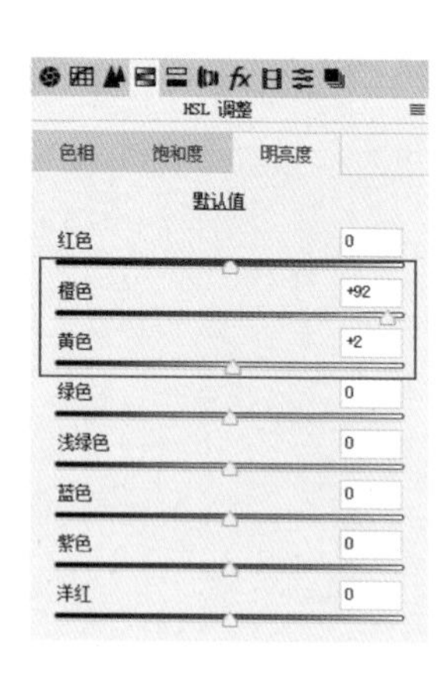

04 优化曝光

调整后的影调效果看起来有一些平淡，并且直方图左侧还出现了暗部溢出。对此需要重新回到“基本”面板中，对曝光效果进行优化调整。调整的思路是先整体提亮画面（增加曝光值）；然后向右拖动“阴影”和“黑色”滑块，改善暗部溢出；接下来再增加对比度、减少高光和白色，避免亮部过亮。

调整后的直方图暗部有黑色溢出。

调整曝光后，黑色溢出消除。

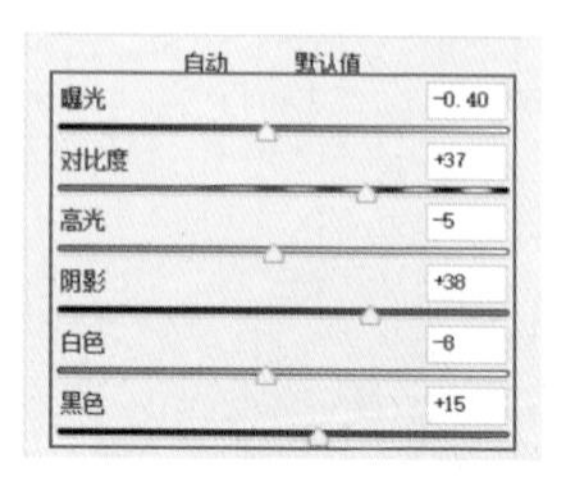

5.2 使用滤镜和调整画笔调整局部曝光

本节重点介绍如何使用工具栏中的渐变滤镜、径向滤镜和调整画笔来调整照片的局部曝光。

5.2.1 数码版的中灰渐变滤镜

拍摄风光时，经常会遇到天空亮而地面黑的大光比场景，这时想要平衡明暗间的光比，往往需要借助中灰渐变滤镜来拍摄。如果手头没有中灰渐变镜，那么可以在后期处理中借助Camera Raw里的渐变滤镜来实现使用中灰渐变滤镜拍摄的效果。

后期思路

① **调整基础曝光**

在“基本”面板中调整基础曝光、定义黑白场。

② **使用渐变滤镜模拟中灰渐变滤镜效果**

使用多个渐变滤镜改善天空效果。

扫码看视频

01 调整基础曝光

在“基本”面板中，向右拖动“白色”滑块、向左拖动“黑色”滑块，定义照片的黑白场；向右拖动“对比度”滑块，增加明暗对比；向左拖动“高光”滑块，压暗天空云层，还原细节；向左拖动“阴影”滑块，加深地面阴影。

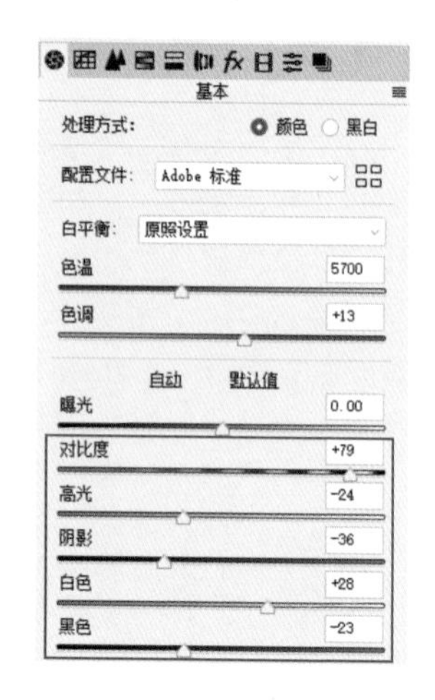

02 添加渐变滤镜改善天空

单击工具栏中的渐变滤镜，在右侧选项栏中设置参数，参数项与基本面板中的选项基本相同，调整思路是压暗天空，并增加一定的对比度。按住鼠标左键在天空位置拖拉渐变效果，画面中的绿点上方区域是完全应用效果的区域，绿点和红点之间是渐变区域，红点以下是不应用效果的区域。

03 让天空变得更蓝

接下来要让天空看起来更蓝。单击选项栏下方的颜色，在弹出的拾色器对话框中选择适合画面效果的颜色（色相235、饱和度28）。

另外一种增加天空蓝色的方法是改变色温。向左拖动“色温”滑块，直至天空颜色达到想要的蓝色效果为止。

04 再次增加渐变滤镜，加深效果

按住鼠标左键在画面其他区域拖拉就可以新建一个渐变滤镜，这样原来的渐变滤镜就会变成白点显示，想要更改原来的渐变滤镜效果，只要单击白点再更改参数即可。

5.2.2 强化局部光影

一幅照片如果缺少光影变化或者光影效果不够强烈，就容易给人一种单调无趣的感觉。本小节来学习如何强化画面中的局部光影，让画面的影调层次丰富起来。

后期思路

① **调整基础曝光**

在“基本”面板中对画面进行整体压暗。

② **使用径向滤镜强化局部光影**

通过添加多个径向滤镜来强化画面的局部光影效果。

扫码看视频

01 调整基础曝光

为了突出画面中的局部光影，首先需要对画面进行整体压暗处理。在“基本”面板中分别向左拖动“曝光”“阴影”“白色”“黑色”滑块，对画面进行整体压暗。

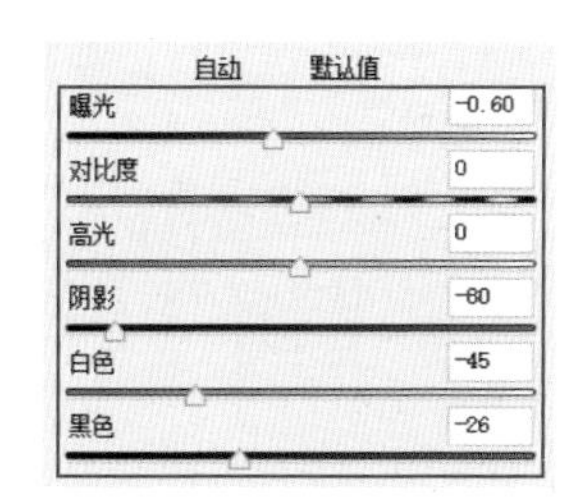

02 添加径向滤镜强化局部光影

径向滤镜的使用方法与上节介绍的渐变滤镜大致相同，该滤镜的调整区域会呈现圆形或椭圆形。单击工具栏中的径向滤镜，在想要提亮的区域（近景处的光照区域）用鼠标拖拉出一个椭圆形的调整区域，然后在右侧选项栏中向右拖动“曝光”滑块，进行提亮。

03 添加多个径向滤镜强化局部光影

接下来，要对远处的光影进行强化。在想要调整的区域按住鼠标左键并拖曳鼠标，就可以新建一个径向滤镜应用区域，由于远处的光影效果不需要强过近景的光影，因此只需适当地降低曝光值即可，这里将曝光数值降为 0.25。

继续新建第三个径向滤镜区域，对远景提亮，如果要更改前面的应用效果，只需要单击画面中的白色圆点，就可以将该滤镜区域重新激活为可调整的状态（显示为绿点）；如果要删除某一个径向滤镜效果，可以在绿点状态下，按 Delete 键。

04 查看最终效果并微调曝光

增加很多个径向滤镜效果后，画面就会很杂乱，我们对画面的判断也会受影响，这时可以回到基本面板中查看效果，也可以取消勾选下方的“叠加”复选框，这样画面中的径向滤镜的圆点就不会再显示。强化完局部光影后，还要看一下照片的直方图，分析画面的曝光效果，可以看到直方图左侧有少量的蓝色溢出，这种少量的色彩溢出对画面的影响不大，可以不做处理，如果一定处理的话，就需要回到基本面板中进行调整。

蓝色溢出

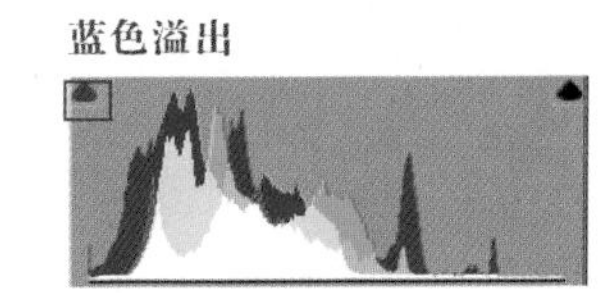

向右拖动“黑色”滑块，提亮暗部，直至直方图中的蓝色溢出消除为止。

蓝色溢出消除

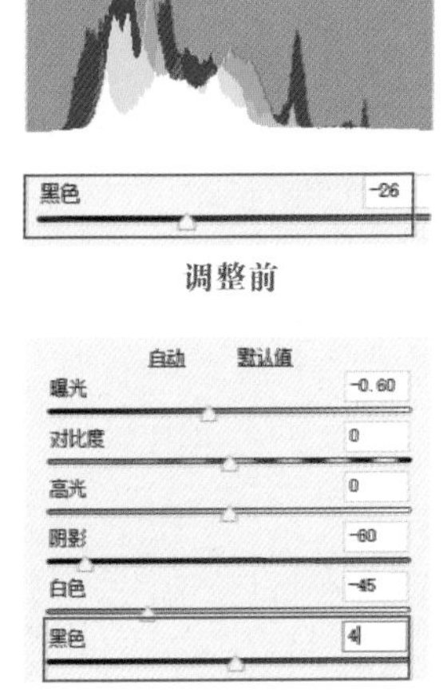

调整前

调整后

5.2.3 修复局部细节

前面学习的渐变滤镜和径向滤镜都针对大范围区域做局部曝光调整，不适合做小范围区域的局部曝光调整，如果想要实现更灵活的局部调整，可以使用调整画笔。

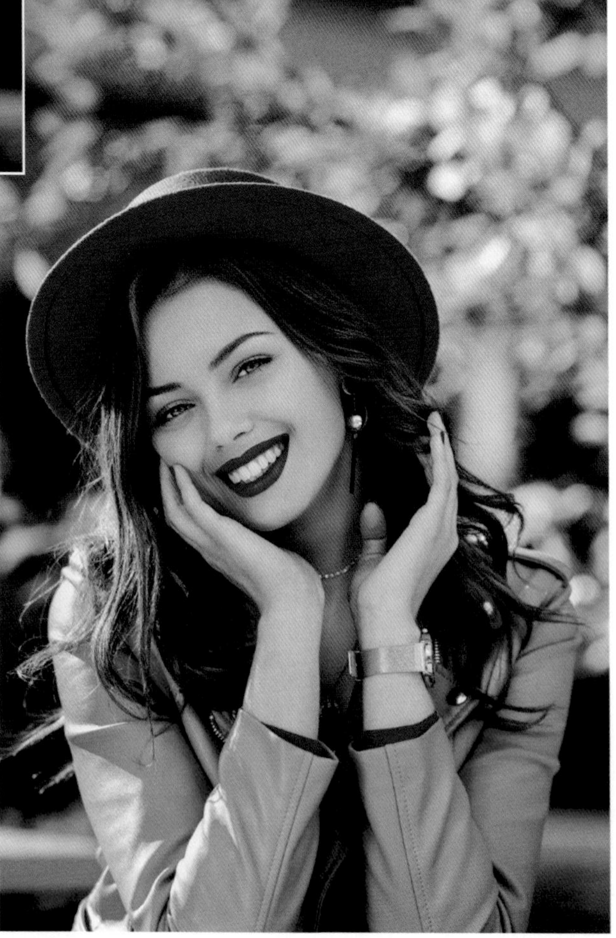

后期思路

① **基础调整曝光**

在“基本”面板中调整曝光，定义黑白场。

② **使用调整画笔修复局部细节**

新建多个调整画笔修复高光细节、提亮阴影。

扫码看视频

01 分析照片

直方图的左右两侧有“起墙”溢出，说明照片中有欠曝和过曝的区域。分别单击直方图左、右上角的修剪警告，照片中欠曝的区域会显示为蓝色，过曝的区域会显示红色。下面来学习如何使用调整画笔修复溢出的区域，还原细节。

暗部“起墙”溢出　　亮部“起墙”溢出

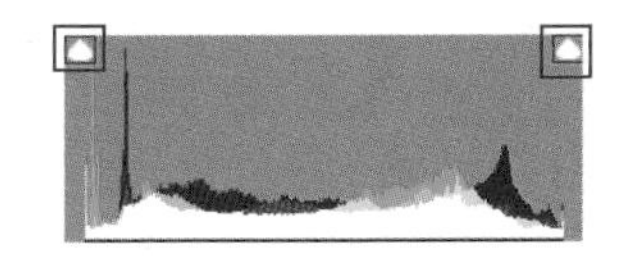

02 整体调整曝光

向左拖动“高光”滑块，直至衣服上的红色溢出警告消除；向右拖动“黑色”滑块，会发现左侧的暗部溢出问题并没有解决，接下来需要通过调整画笔来解决溢出问题。

亮部溢出消除

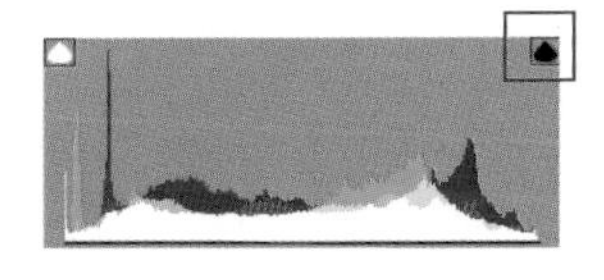

自动　默认值

曝光	0.00
对比度	0
高光	-23
阴影	0
白色	0
黑色	+46

03 使用调整画笔还原高光细节

尽管人物右侧的衣袖已经不再过曝，但从画面的整体效果来看，仍然有些偏亮。这时可以使用工具栏中的调整画笔进行修复，在右侧选项栏中减少高光，然后在衣袖过亮的区域涂抹压暗。

调整画笔

○ 新建 ◉ 添加 ○ 清除

色温	0
色调	0
曝光	0.00
对比度	0
高光	-15
阴影	0
白色	0
黑色	0

上面的调整是一视同仁的压暗，如果要对某些区域进行不同程度的压暗，就需要单击右侧选项栏中的“新建”，再次新建一个调整画笔，然后进行调整。

调整画笔

○ 新建 ◉ 添加 ○ 清除

色温	0
色调	0
曝光	0.00
对比度	0
高光	-6
阴影	0
白色	-11

04 使用调整画笔还原暗部细节

接下来，回到暗部溢出的问题上来，单击直方图左上角的溢出修剪警告，可以看到画面中欠曝区域出现在人物的头发和背景位置。

暗部“起墙”溢出

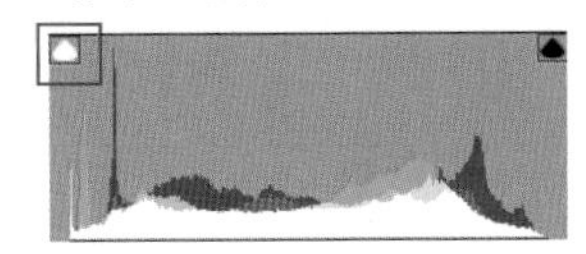

新建第三个调整画笔，更改右侧选项栏中的参数，增加“阴影”和“黑色”的数值，然后在溢出区域反复涂抹，直至画面中的暗部溢出提醒消除为止。

暗部溢出消除

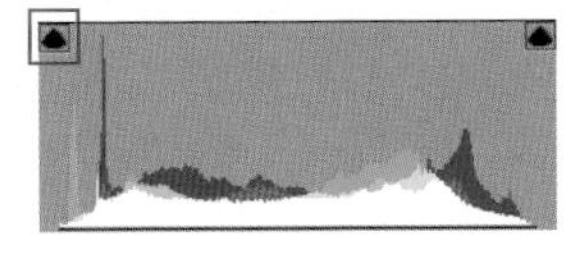

调整画笔

新建 添加 清除

色温	0
色调	0
曝光	0.00
对比度	0
高光	0
阴影	+12
白色	0
黑色	+14

第 6 章

调整照片的细节

在完成照片的曝光和色彩调整后，就要对照片中的细节进行修复调整。本章主要讲解修复色差、人脸去痘、校正畸变、二次构图以及降噪锐化的方法。

6.1 修复色差

色差是光线进入镜头后，由于波长和折射率的不同，而在图像边缘形成的彩色镶边。在拍摄过程中，明暗反差强烈的场景是最容易产生色差的，例如使用大光圈镜头逆光拍摄时照片就很容易出现紫边和绿边。下面来学习如何去除照片中的紫边。

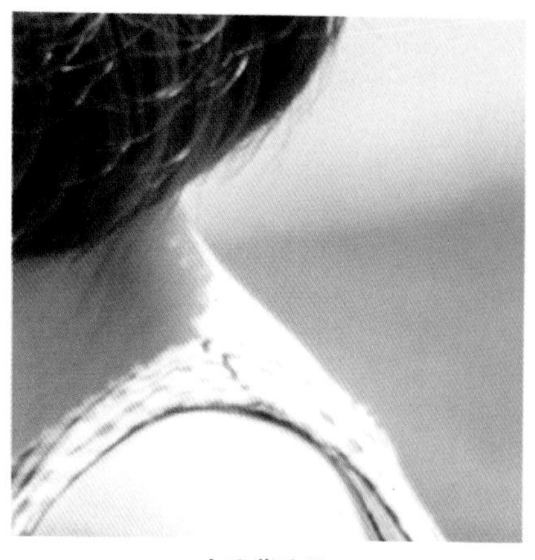

去除紫边前

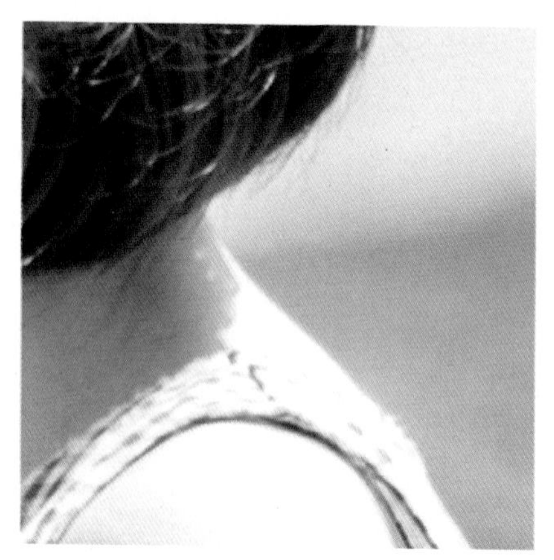

去除紫边后

将照片放大后，可以明显地看到衣服和头发的边缘出现了紫边。在镜头校正面板的手动选项中，拖动数量值就可以减少色差。其中的色相是控制去边的色彩范围。如何来理解呢？

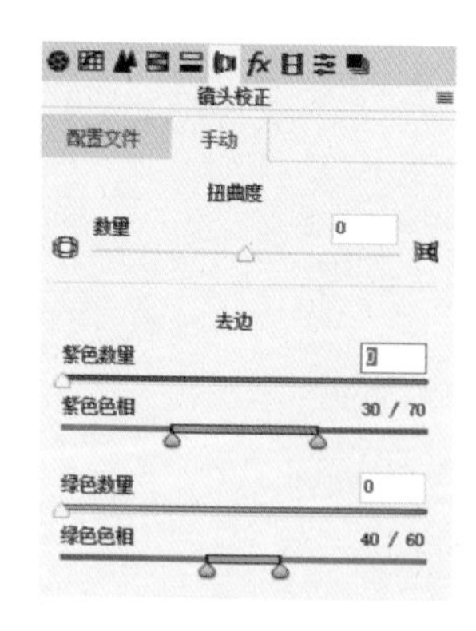

向右拖动“紫色数量”滑块去除紫边，如果去边效果不理想，就需要调整“紫色色相”滑块，来增加去边的色彩范围。当然这个色彩范围的选择一定要慎重，因为随着范围的增多，去

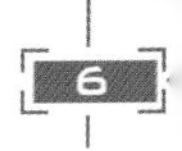

除的颜色将不仅限于当前要去色差的位置，还有可能影响到画面中在这个色彩范围的其他颜色，因此去边的过程中，一定要从画面的整体上把握，避免出现顾此失彼的情况。

在这张例图中，向右拖动“紫色数量”滑块可以很轻松地去除紫边，为了减少对画面其他区域的色彩影响，所以缩小了紫色色相的范围，依然实现了很好的去边效果。

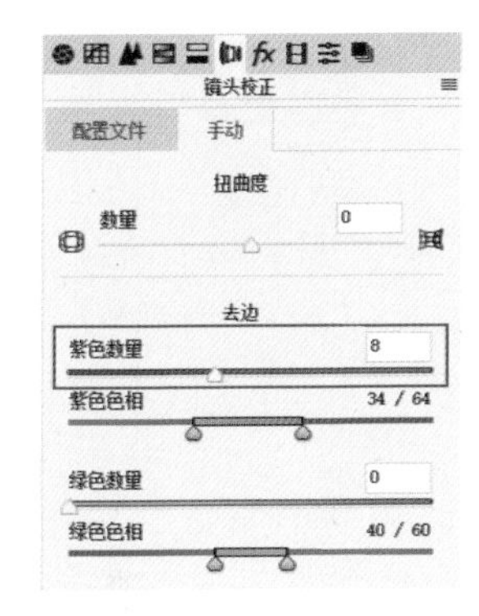

6.2 去痘淡斑

使用 Camera Raw 中的污点去除工具可以非常有效地去除人物脸部的痘痕和杂斑。本节除了学习如何进行去痘淡斑外，还会讲解如何在 Camera Raw 中进行保留质感的柔肤，以及如何美白牙齿。

01 去痘淡斑

放大照片，单击工具栏中的污点去除工具，右栏选项中的羽化值和不透明度保持默认即可，大小值用于控制要调整区域的大小，该数值需要根据痘痕的大小不断调整，快速改变大小的方法是按住鼠标右键拖动。类型选择“修复”，这样可以获得更自然的效果。“修复”的原理是通过计算，以好的区域为参考，修正痘痕区域，而“仿制”是直接用好的区域覆盖痘痕区域。

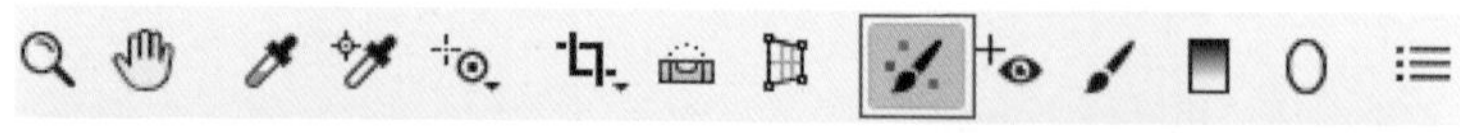

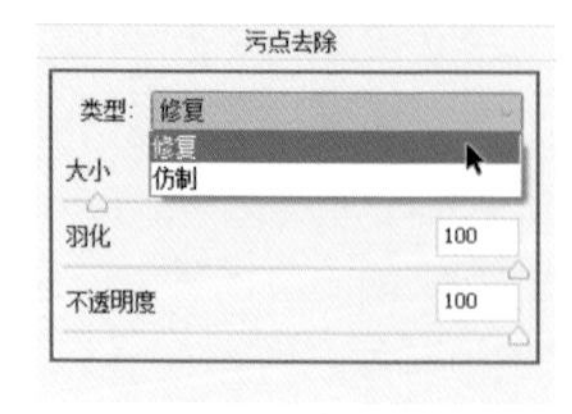

step 1 移动鼠标，在人物面部痘痕处单击，画面中出现的红色虚线框代表选定的待调整的区域，绿色虚线框代表软件自动查找的取样区域。如果自动取样区域的去痘效果不理想，可以单击绿色虚线框，拖动鼠标选择其他位置进行取样。

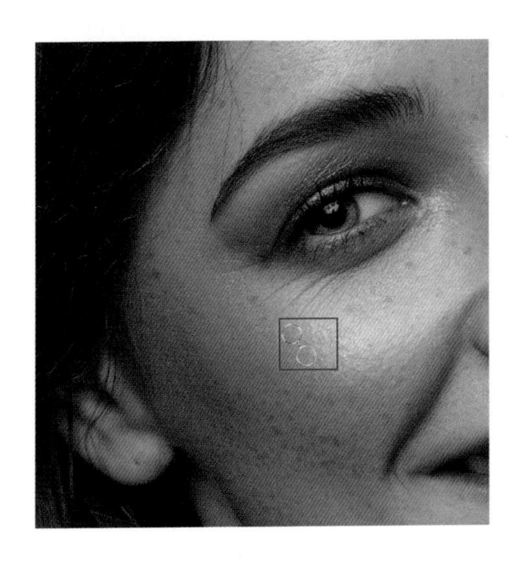

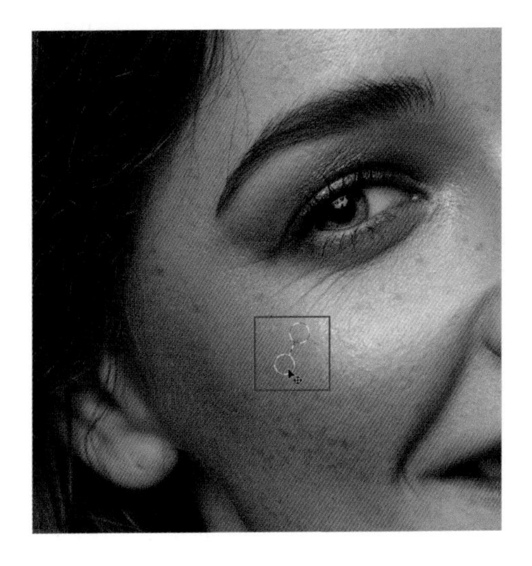

step 2 如果人物脸部的痘痕很密集，就会出现多个红色虚线框和绿色虚线框重叠的情况，而影响进一步的去痘操作，对此可以取消勾选“显示叠加”复选框，这样画面中就看不到虚线框，方便反复多次地取样去痘。

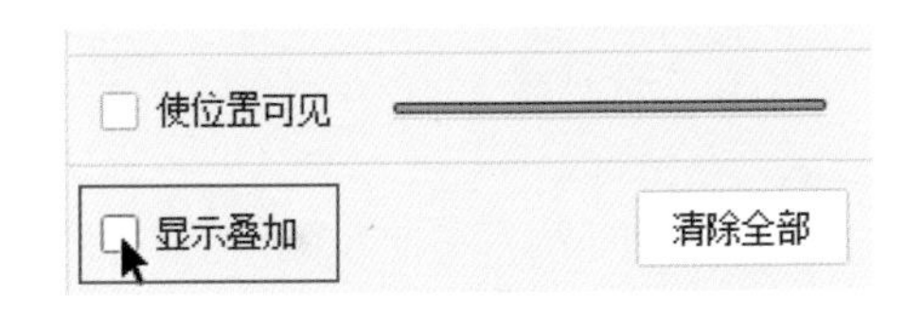

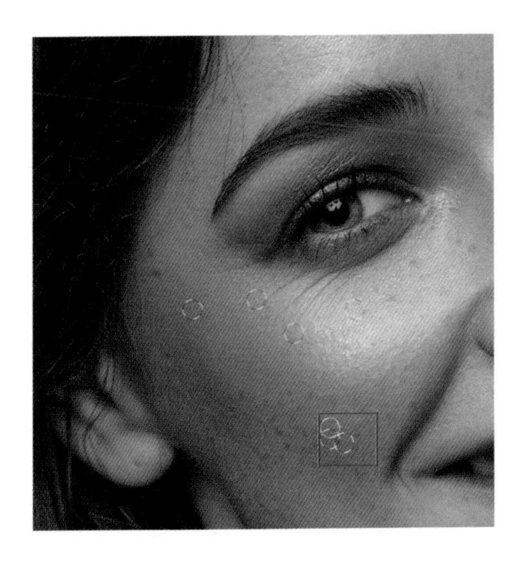

step 3 针对大面积的痘痕，还可以用按住鼠标左键拖动的方式实现大面积的选区。在去痘的过程中，如果对前面的去痘效果不满意，既可以重新手动改变取样区域，也可以按键盘上的Delete键删除。

去痘后的效果

02 保留柔肤质感

step 1 回到“基本”面板中，向右拖动“纹理”滑块，可以有效地突出人物皮肤的质感细节，但这样过于清晰的细节效果会让女性看起来不够柔美。

step 2 接下来，需要在保留一定质感的前提下，对人物的皮肤进行柔化处理。向左拖动“清晰度”滑块，降低清晰度，就可以实现保留柔肤效果。

03 美白牙齿

分析调整后的画面效果，可以看到人物的牙齿不够白。这种小范围的局部调整，可以使用工具栏中的调整画笔，在选项栏中提高一些曝光和高光，并降低一些色温，这样既可以提亮牙齿，又可以让牙齿看起来不黄。

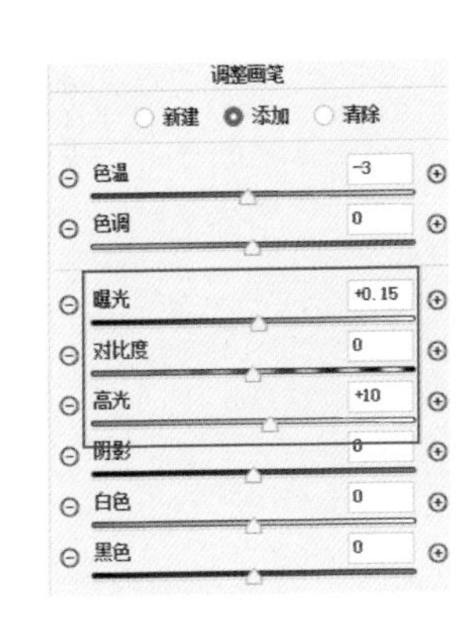

Camera Raw中的皮肤美化还做不到精细磨皮的程度，针对本例图的进一步精细调整详见第10章的内容高斯模糊+高反差磨皮。

6.3 校正畸变

由于镜头透视关系的影响，在使用广角镜头拍摄建筑风光时，很容易将建筑物拍得倾斜，对此可以通过Camera Raw中的变换工具来进行校正。

在校正的过程中，很容易出现周边像素丢失的情况。为了避免主要元素的丢失，在前期拍摄时，应尽量避免构图太满。

后期思路

① **使用变换工具校正畸变**

学习自动、水平、纵向和完全校正的简单应用。

② **使用参考线校正畸变**

沿倾斜位置绘制直线，校正畸变。

扫码看视频

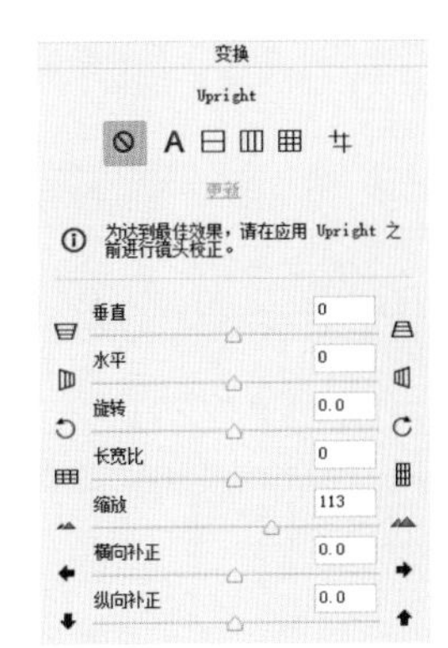

单击工具栏中的变换工具，在右侧变换面板中有自动、水平、纵向、完全，以及使用参考线5种调整选择。应根据不同照片的具体情况选择相应的调整方式。

接下来，依次选择自动、水平、纵向和完全4个选项，来对比一下校正后的效果。

自动　水平　纵向　完全

可以看出自动和纵向的校正效果较好，由于校正过程中的图像像素偏移产生了透明像素，因此接下来还需要对校正后的参数进行微调，去除透明像素。下面以纵向校正为例进行调整。

向右拖动“缩放”滑块，对照片进行拉伸，这样就轻松实现了对丢失像素的填补。

垂直：向左拖动，可以让照片中的景物向前倾；向右拖动，可以让景物往后仰。

水平：与垂直的功能相同，只是调整的方向不同。

旋转：拖动该滑块可以对照片的水平线进行校正。

长宽比：可以对照片进行拉长和压扁。

横向补正：让照片左右位移。

纵向补正：让照片上下位移。

除了上述4种较为智能的畸变校正以外，还有一种较为实用的方法是使用参考线进行校正。操作时，需要绘制两条或两条以上的参考线。

step 1 选择“参考线”选项，按住鼠标左键，沿着左侧倾斜的建筑物边缘拖曳鼠标，拉出一条纵向的参考线，此时画面并不发生任何变化。

step 2 沿着右侧倾斜的建筑物拉出一条纵向参考线。当然，也可以沿着地面水平线，拖拉出一条横向的参考线。

可以看到，原本向画面内侧倾斜的建筑被校正后，变得垂直。针对画面中的透明像素，调整的方法与前面一致，这里不再重复。

6.4 校正倾斜

相机未端平而导致的水平线倾斜是拍摄过程中经常遇到的问题。针对这一问题，可以在Camera Raw中一键快速校正。

后期思路

方法一：使用拉直工具校正倾斜

使用拉直工具一键校正。

方法二：使用变换工具中的水平校正校正倾斜

使用变换工具一键校正。

扫码看视频

方法一：单击工具栏中的拉直工具，按住鼠标左键，移动鼠标沿着倾斜的水平线拖曳出一条直线，松开鼠标后，画面会出现一个裁切框，单击回车键确认，就可以完成水平线的校正。

1.沿倾斜的水平线拖曳直线

2.出现裁切框

3.倾斜得到校正

方法二：单击变换工具中的“水平”校正，就可以轻松实现一键倾斜校正。

6.5 二次构图

二次构图就是通过裁剪对照片进行重新构图。单击工具栏中的裁剪工具，在画面上单击鼠标右键，在弹出的选项框中可以设定裁剪的比例。常见的比例有1：1（方形比例）、2：3（常见相机的照片比例）、3：4（2寸照片比例）、4：5（10寸照片比例）、5：7（7寸照片比例）、9：16（宽幅显示器比例）。

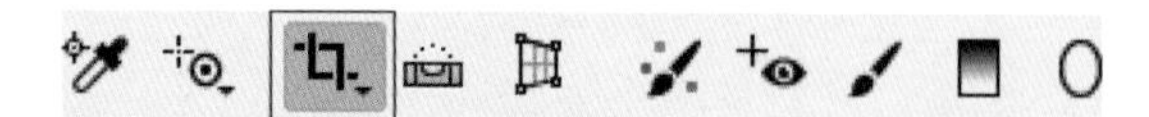

除了选择上述的常见比例外，还可以通过选择“自定”来手工输入比例。如果不想按比例裁剪，可以选择“正常”，这样就可以随意调整长宽进行裁剪。

当需要切换横竖画幅的不同裁剪效果时，只需要单击裁剪框的一角，然后按住鼠标左键拖动鼠标即可。

单击“显示叠加”，裁切框中会显示九宫格线，这样就可以根据辅助线进行更精准的裁剪。

将光标移到裁剪框外面，当光标变为双箭头时，就可以拖动裁剪框进行旋转。

如果对裁剪的效果不满意，单击“清除裁剪”或者“设置为原始裁剪”就能恢复到裁剪前的画面效果。

6.6 锐化照片和降噪

锐化可以让主体看起来更加清晰，正确的锐化要对主体的边缘进行锐化，而不是对画面整体锐化，后者会使画面看起来生硬不自然。

使用高感光度拍摄或者曝光欠曝都容易产生噪点，从而降低照片的画质。本节将以一张欠曝照片为例，讲解如何有效进行锐化和降噪。

后期思路

① **调整基础曝光、校准白平衡**

在“基本”面板中，调整曝光、定义黑白场、校准白平衡。

② **调整肤色**

在“HSL调整”面板中，提亮人物肤色，压暗背景中的其他颜色。

③ **锐化降噪**

在“细节”面板中，锐化主体人物，对画面整体降噪。

扫码看视频

01 分析照片

分析直方图可以看到，像素信息主要集中在暗部区域，而亮部区域很少分布，因此可以初步判断这是一张欠曝的照片，结合画面效果来看，这不是一张适合表现低调氛围的照片，因此接下来需要对照片进行整体提亮。

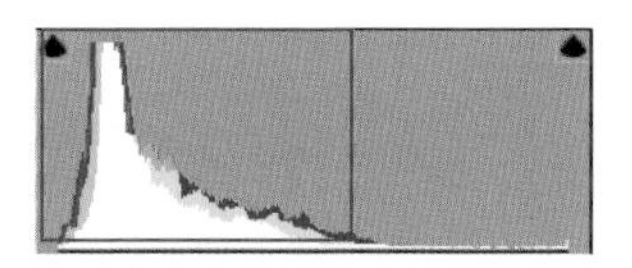

直方图的像素信息集中在暗部区域

02 整体调整曝光

向右拖动“曝光”滑块，整体提亮画面，提亮程度以人物脸部亮度适中为准；向右拖动“白色”滑块、向左拖动“黑色”滑块，定义照片的黑白场；向右拖动“对比度”滑块增加对比度，为照片去灰；向左拖动“高光”滑块，压暗亮部；向右拖动“阴影”滑块，提亮暗部；向右拖动“自然饱和度”，增加画面的鲜艳程度。

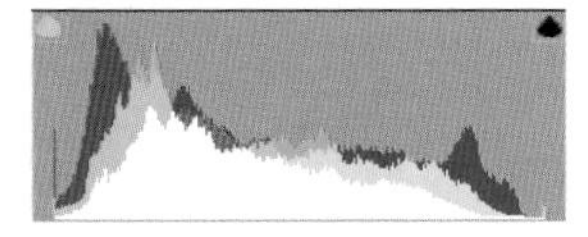

调整后的直方图像素信息分布充分，照片变得明亮

自动	默认值
曝光	+1.85
对比度	+33
高光	-59
阴影	+32
白色	+16
黑色	-37
自然饱和度	+15

03 校正白平衡

单击工具栏上的白平衡工具，在画面中原本应该呈现灰色的区域单击，校正白平衡，这样调整后的色彩就不再偏暖色。

基本

处理方式： 颜色 黑白

配置文件： Adobe 颜色

白平衡： 自定

色温 4300

色调 +6

04 提亮肤色、压暗背景中的其他颜色

step 1 在“HSL 调整”面板的明亮度选项卡中，向右拖动“橙色”滑块，提亮人物肤色，拖动的数值大小不宜过高，要根据画面的整体效果来把握；向左拖动“蓝色”滑块，压暗背景中设施的颜色，避免其过于抢眼，影响主体表现。

step 2 在饱和度选项卡中，向左拖动“橙色”滑块，让人物的肤色更白皙一些，拖动的数值不宜过大，否则会给人一种没有血色的苍白感；向左拖动“浅绿色”“蓝色”滑块，降低背景设施的饱和度，弱化设施的显示效果，以减少其对主体人物的干扰。

HSL 调整
色相 饱和度 明亮度
默认值
红色 0
橙色 -10
黄色 0
绿色 0
浅绿色 -26
蓝色 -9
紫色 0

05 降噪

降噪时，为了更好地观察降噪效果，建议将照片放大至 100% 查看。放大例图后，可以看到人物的脸部以及背景有很多粗糙的颗粒状噪点。

step 1 在“细节”面板中，向右拖动“明亮度”滑块，可以显著消除画面中的噪点，但同时也会带来画面细节的丢失，这时就可以使用“明亮度细节”滑块恢复细节。默认情况下，拖动“明亮度”滑块时，“明亮度细节”滑块会自动设置为一个中间值 50，可以根据画面效果的需要对其进行适当的增减。

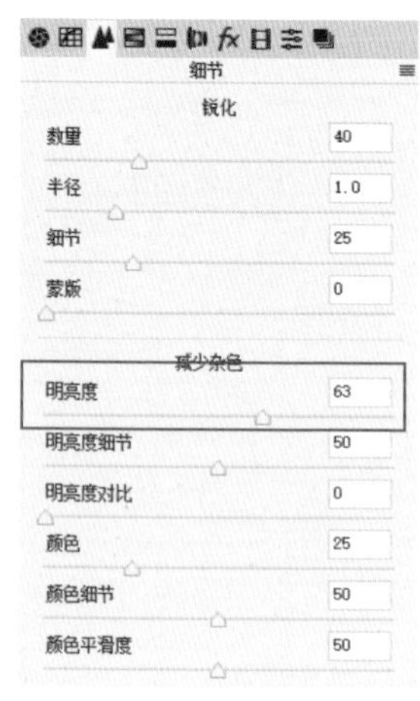

step 2 明亮度细节的数值不宜设置过高，例如将滑块的数值拖动到 100，放大人物的脸部，可以明显看到人物的脸部出现生硬的失真效果。

尽管通过调整明亮度细节找回了一些画面的细节，但画面的清晰效果还是会因为降噪而受到影响。因此还需要对照片进行一些锐化处理。

06 锐化

Camera Raw 的好处就是无论你先做哪一项设置，都可以随时进行更改，例如在锐化降噪的操作中，可以先锐化、后降噪，也可以先降噪、后锐化，然后再重新更改降噪的参数。在 Camera Raw 中的调整其实存在一个反复微调修正的过程，因为很多时候调整了 A 项会影响到 B 项的效果，这时就需要返回 B 项进行微调。在锐化和降噪的过程中，就存在这个问题，锐化会增加画面的噪点，而降噪会影响画面的清晰度，因此在锐化降噪的操作过程中，一定要根据画面效果对二者进行平衡。

在锐化组中包含 4 个可调整项，分别是数量、半径、细节和蒙版，其中的数量值默认为 40，这是为了抵消相机成像时的模糊而设置的。数量值越高，锐化的效果越强烈，但同时也会使画面的噪点增多。

数量值过高，噪点明显。

细节
锐化
数量 123
半径 1.0
细节 25
蒙版 0

半径是指锐化的范围，该数值的默认值为 1，数值越小，锐化的效果越不明显；当然数值也不能太大，否则容易使边缘出现亮边。在锐化的过程中，通常采用大数量 + 小半径的组合，以获得更好的锐化效果。

降低数量值后，噪点减少。

细节
锐化
数量 38
半径 1.0
细节 25
蒙版 0

调整“细节”滑块是为了消除锐化后的颗粒噪点，该滑块默认的数值为 25。当锐化的数量较高时，可以减少细节的数值。

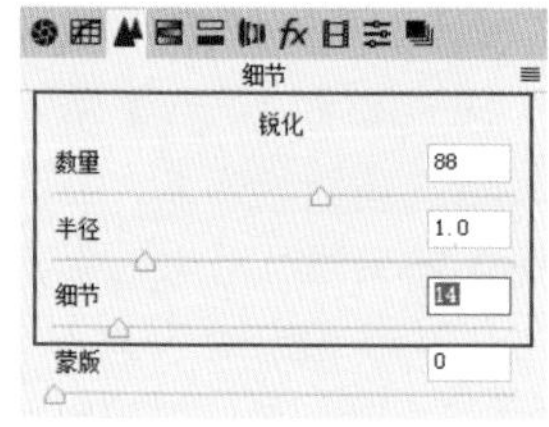

当锐化数量不是很高时，可以适当地增加细节的数值。

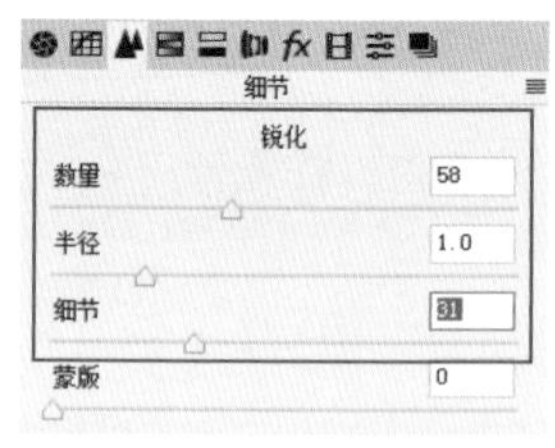

以上的锐化操作是对画面的整体锐化，会让一些不需要锐化的区域变得生硬不自然，真正有效的锐化是对物体的边缘进行锐化，这样既可以保留其他区域的细腻平滑，又可以让画面看起来清晰。

按住键盘上的 Alt 键，向右拖动“蒙版”滑块，画面中的白色区域就是被锐化的区域，黑色区域是没有应用锐化的区域。这样就实现了对物体边缘的有效锐化。

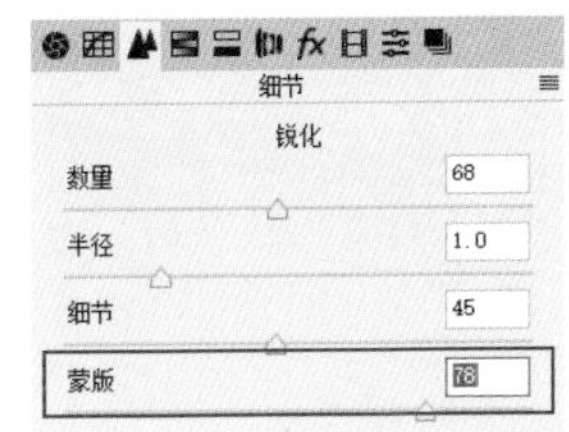

比对调整前后，锐化降噪的效果十分明显。

降噪锐化前

降噪锐化后

第 7 章
简修照片的综合案例

本章串联前面学到的知识点，针对几种常见的拍摄题材，完整地再现一张照片的简修过程，让大家更好地熟悉简修照片的操作流程。

7.1 制作柔美的高调人像照片

这是一张逆光拍摄到的室内人像照片，分析画面，背景曝光正确而人物的脸部欠曝，需要先提亮人物脸部，然后再做进一步的色彩调整。

扫码看视频

后期思路

① **调整基础曝光**

在“基本”面板中，提亮人物脸部，并确定高调的画面效果。

② **校准白平衡**

使用白平衡工具校准白平衡。

③ **提亮肤色**

在“HSL调整”面板中，提亮肤色。

④ **制作青黄色调**

使用分离色调制作特殊色调效果。

⑤ **加强画面的光感氛围**

使用渐变滤镜加强画面的光感氛围。

01 调整基础曝光

step 1 向右拖动“白色”和“黑色”滑块，定义画面的黑白场。

step 2 向右拖动“曝光”滑块，整体提亮画面。提亮后的画面看起来具备了高调照片的柔美效果，接下来向左拖动“对比度”滑块，让照片的对比效果更加柔和。

step 3 向左拖动“高光”滑块，修复高光细节；向右拖动“阴影”滑块，提亮暗部细节。

基本
处理方式： 颜色 黑白
配置文件： Adobe 颜色
白平衡： 原照设置
色温 5100
色调 +3
自动 默认值
曝光 +1.35
对比度 -3
高光 -82
阴影 +55
白色 +5
黑色 +48

02 校准白平衡

单击工具栏中的白平衡工具，在画面中原本呈现中灰的位置单击，这里选择画面右上角的墙壁作为中灰参考点进行校正。

03 提亮脸部肤色

在“HSL 调整”面板中，选择明亮度选项卡，向右拖动对应人物肤色的“橙色”滑块，提亮人物肤色。

04 制作青黄色调

接下来，为了让照片的色调效果多一些文艺气息，可以尝试使用分离色调功能将照片调整成黄绿色调的效果。在高光选项中拖动“色相”滑块至青色位置，然后增加饱和度，这样画面中的高光区域就会被加入青色；在阴影选项中拖动“色相”滑块至橙黄色位置，并增加饱和度，给暗部区域添加橙黄色。在调整的过程中，一定要根据个人的感受，反复拖动、尝试，直到找到一个满意的色调效果。

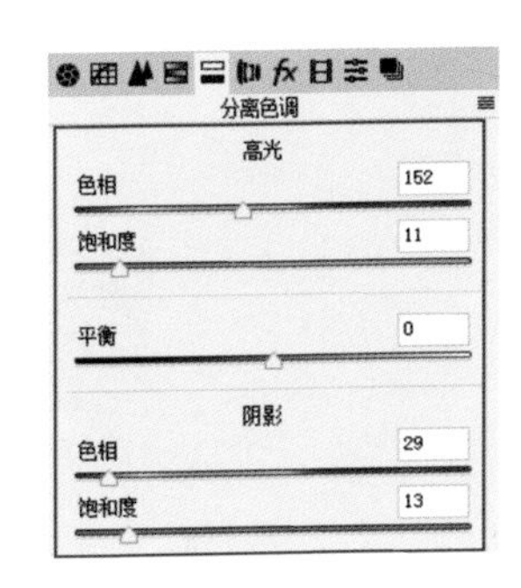

05 加强光感氛围

为了让画面的光感氛围更足，可使用渐变滤镜从画面左上角拉出渐变效果。在参数设置上，让色温变暖、色调偏品红，目的是让光线看起来更加温暖；减少曝光和高光是为了还原亮部细节；增加纹理、降低清晰度和去除薄雾，是为了让光线照射的效果看起来更加柔和。

7.2 制作艺术色调的人像照片

这是一张明暗反差大、色彩偏冷色的照片，针对这张照片的处理思路是先调整曝光提亮画面，然后让照片的色调看起来清新自然。

后期思路

① **调整基础曝光、改变色温**

在“基本”面板中，提亮照片、改变色温，让照片偏向暖色。

② **调整曲线，丰富色彩对比**

调整曲线及色彩通道，加强对比、改善画面色彩。

③ **加强局部光影**

在“HSL调整”面板中，调整色彩分布。

④ **使用校准润色**

在“校准”面板中，改变色相和饱和度。

⑤ **增加边框效果**

在“效果”面板中，制作圆形边框效果。

01 调整基础曝光、改变色温

step 1 在“基本”面板中，增加曝光，整体提亮画面；减少白色、增加黑色，定义黑白场；压暗高光、提亮阴影，微调曝光效果。

step 2 向右拖动“色温”滑块，让画面偏向暖黄色。

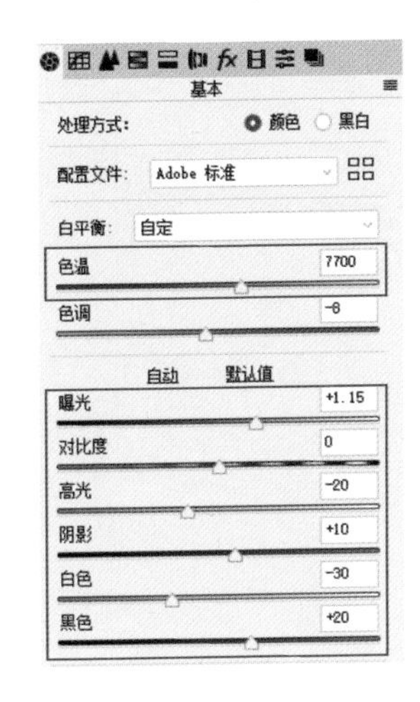

02 使用曲线增加对比、调整色彩

在“色调曲线”面板中，分别在亮部、中间调和暗部区域增加三个锚点，对亮部提亮、暗部压暗，拖拉出S形的对比曲线效果。

接下来，在色彩通道中调整颜色。

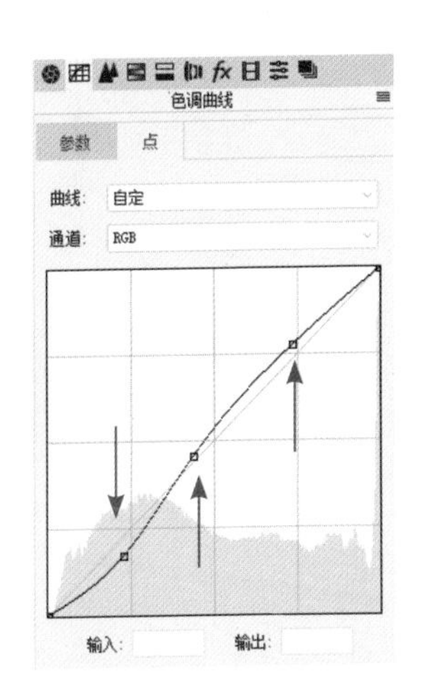

照片整体偏向黄绿色，因此先选择绿色通道，在暗部区域（主要针对草地和树叶）增加锚点并下拉减绿；选择蓝色通道，分别在亮部和暗部增加锚点并向上提拉加蓝色（减黄色）；最后选择红色通道，在暗部区域增加锚点并下拉，给草地增加一些青色，为了避免亮部区域也增加青色，在亮部区域增加一个锚点，缩小调整范围。

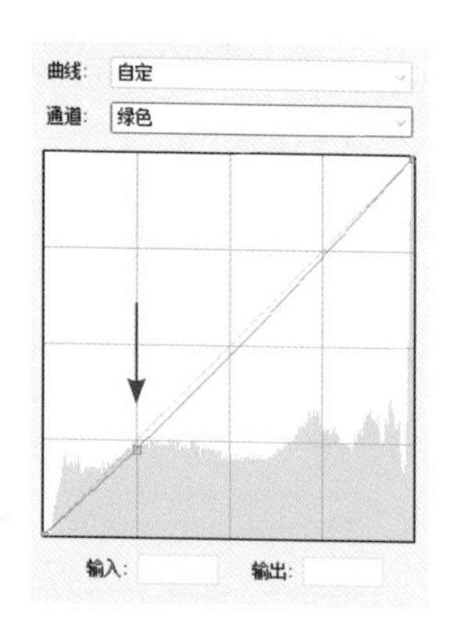

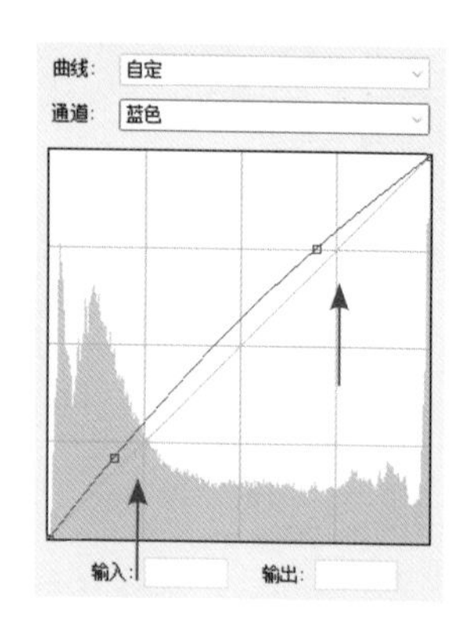

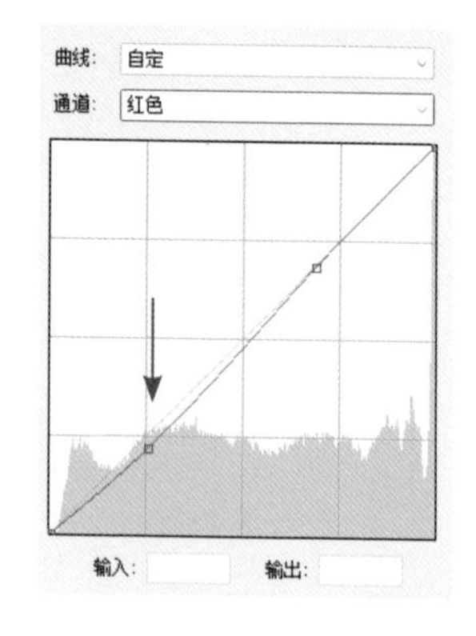

03 在“HSL调整”面板中，控制色彩分布

在“HSL调整”面板中的调整主要是针对绿草、树叶和地面的调整，目的是使它们的色彩效果看起来和谐统一。在色相选项卡中，向右拖动“橙色”滑块，弱化地面小路的色彩；向右拖动“黄色”滑块，让草地看起来翠绿一些。在饱和度选项卡中，降低橙色、黄色、绿色的饱和度，也就是树叶和地面的饱和度。在明亮度选项卡中，减低红色、橙色、黄色明亮度，压暗地面，增加绿色，提亮草地和树叶。

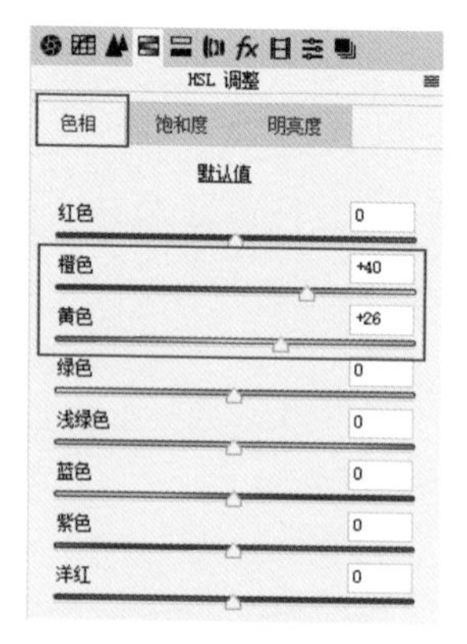

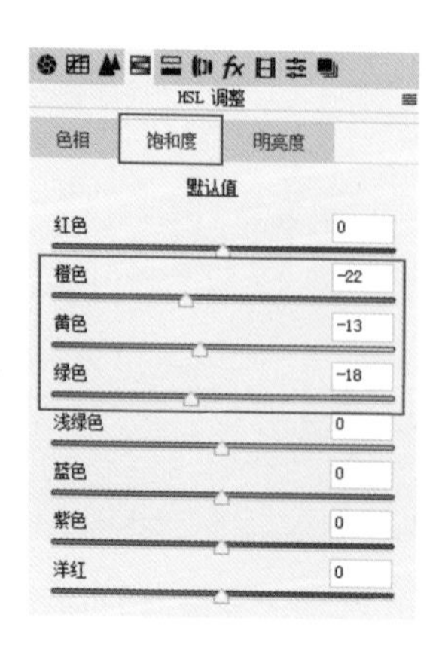

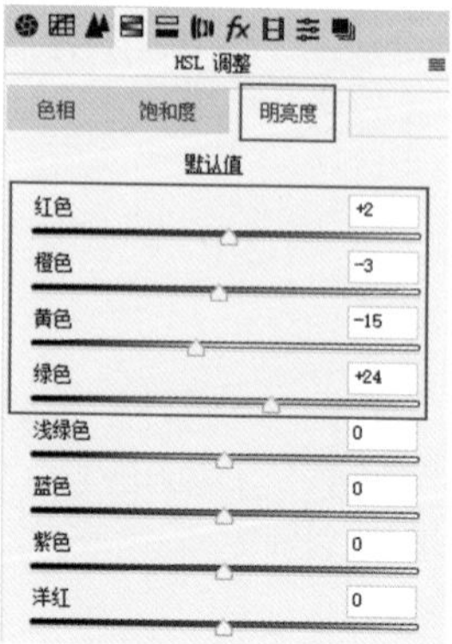

04 使用校准润色

在“校准”面板中，蓝原色的饱和度对画面的影响最大。因此可以先大幅增加蓝原色的饱和度，然后通过减少红原色和绿原色的饱和度来微调效果。

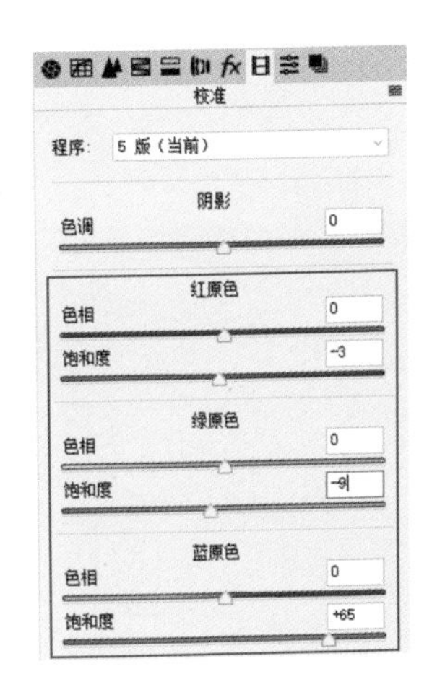

05 制作圆框效果

在“效果”面板中，向右拖动“数量”滑块至100，可以得到圆框效果，通过调整圆度的数值可以控制圆框的弧度。

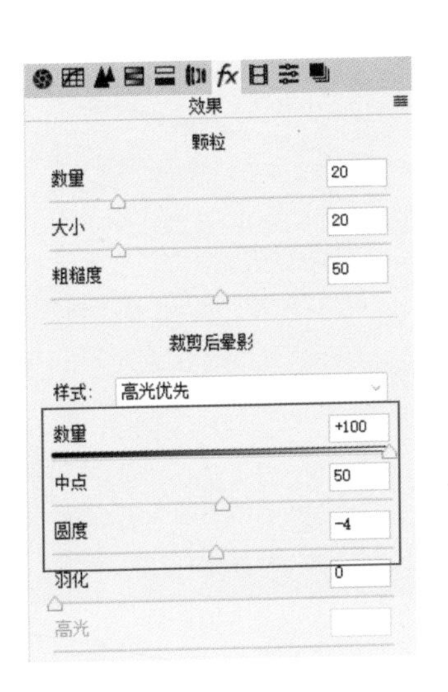

7.3 美化人物的皮肤和五官

本节以一张人像照片为例，介绍如何使用 Camera Raw 来美化人物的皮肤和修饰五官。

后期思路

① **调整基础曝光**

在“基本”面板中，提亮人物脸部，加强对比。

② **去除脸部斑点**

使用污点去除工具去除人物脸部杂斑。

③ **使用调整画笔平滑皮肤**

使用调整画笔增加阴影、减少清晰度，然后反复涂抹脸部，平滑皮肤并提亮肤色。

④ **美化嘴唇、提亮眼白**

使用调整画笔涂抹嘴唇，更改颜色；涂抹眼白，提亮眼白。

⑤ **使用渐变滤镜压暗背景**

使用渐变滤镜压暗背景，更好地突出人物。

⑥ **锐化**

在“细节”面板中，对人物进行锐化。

⑦ **压暗四周边角**

在“效果”面板中，进一步压暗四角，突出主体。

01 调整基础曝光

少量提亮曝光；向右拖动“白色”滑块、向左拖动“黑色”滑块，定义黑白场；少量增加对比度。在整个的曝光调整中，要把握保留原始影调效果的原则，进行轻微的调整。

自动 默认值

曝光	+0.20
对比度	+6
高光	0
阴影	0
白色	+11
黑色	-5

02 去除脸部斑点

单击工具栏中的污点去除工具，将类型设置为修复，多次反复地单击画面中的痘痕位置，对其进行去除。

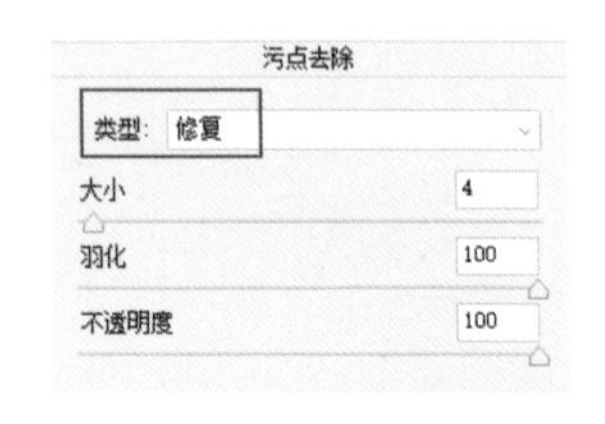

03 平滑皮肤

单击工具栏中的调整画笔，在右侧选项栏中增加阴影，提亮脸部；减少清晰度，柔化人物皮肤。反复多次地涂抹后，人物的脸部皮肤看起来不再粗糙，变得细腻。

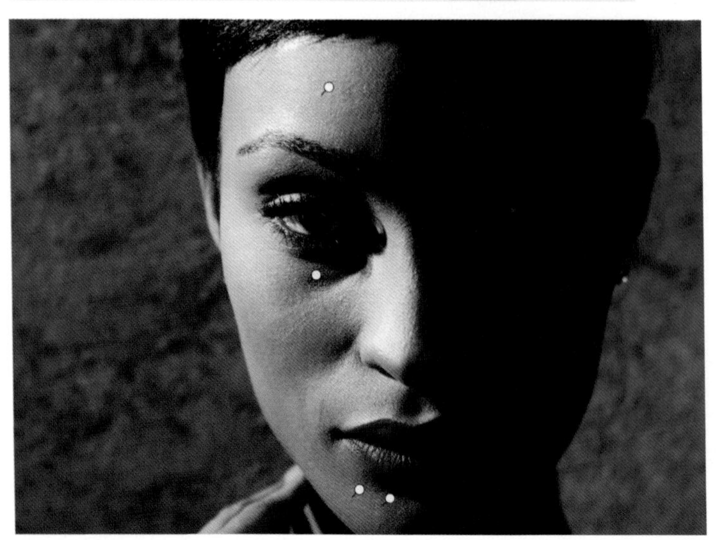

如果对画面要求不高，调整到这一步就可以了。如果想要更好的画面效果，那么还需要对人物的五官进行修饰，同时对画面中的背景光做局部压暗处理。

04 改变嘴唇的颜色

新建调整画笔，在选项栏中增加曝光、减少高光、降低饱和度，然后在颜色中选择浅粉色。接下来将照片放大至100%查看，在人物的嘴唇上细致涂抹上一层粉色。

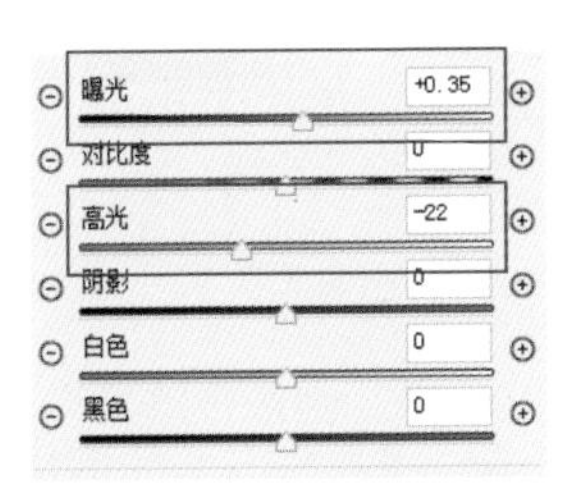

05 提亮眼白

提亮眼白可以让人物的眼睛看起来更有神。新建调整画笔，在选项栏中，增加曝光和白色，然后在眼白的位置涂抹提亮。

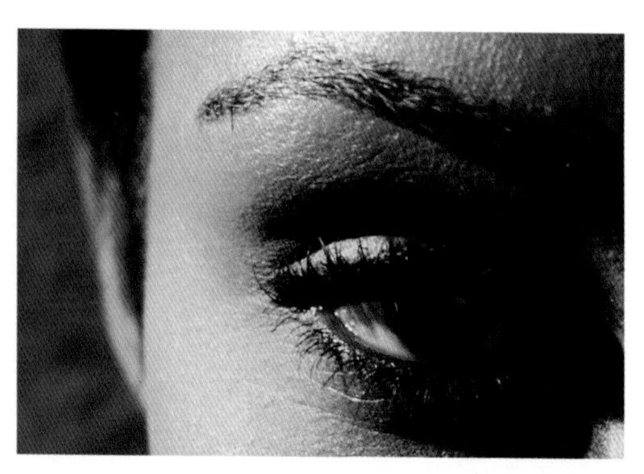

提亮眼白前

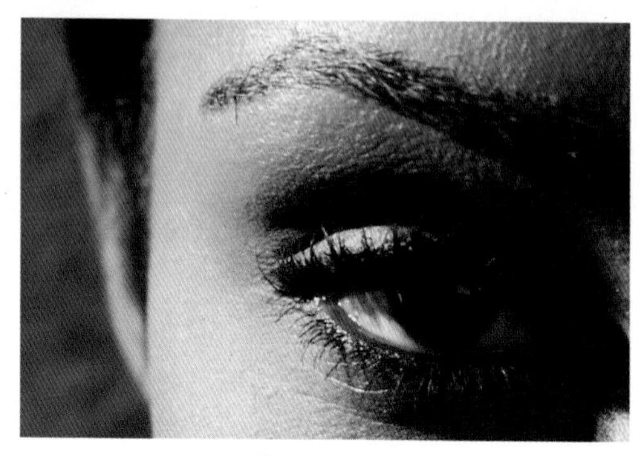

提亮眼白后

06 压暗背景

单击工具栏中的渐变滤镜，在选项栏中减少曝光和白色，然后在背景位置多次拉渐变，进行压暗处理。

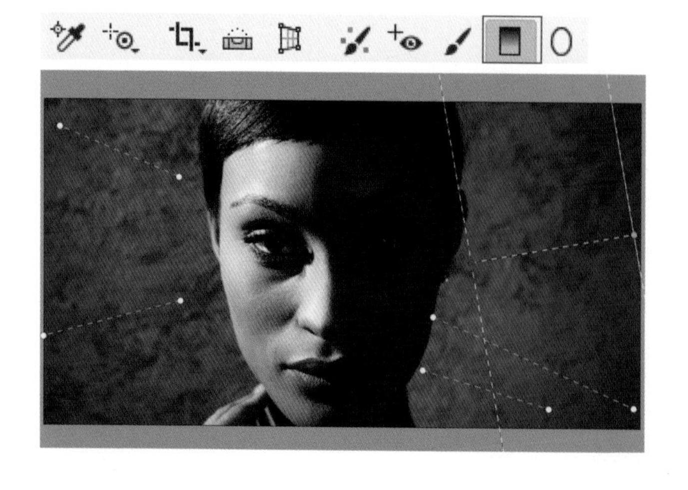

渐变滤镜
新建 编辑 画笔
色温 0
色调 0
曝光 -0.35
对比度 0
高光 0
阴影 0
白色 -7
黑色 0

07 锐化

在“细节”面板中，先向右拖动“数量”滑块，对画面进行整体锐化，然后按住Alt键，缩小锐化范围，对人物的边缘轮廓进行锐化。

细节
锐化
数量 66
半径 1.0
细节 25
蒙版 73

锐化前

锐化后，人物的清晰效果有明显提升。

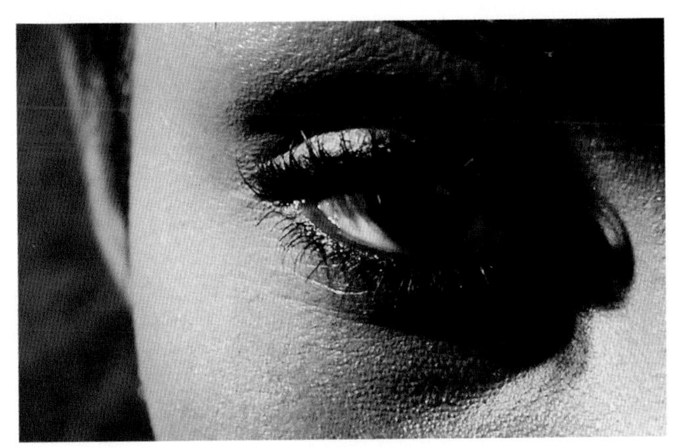

锐化后

7.4 处理缥缈的云雾场景

这是一张黯淡灰沉、不够明亮的云雾照片。调整的思路是提亮画面，然后重点突出云雾的轻柔缥缈。

扫码看视频

后期思路

① **调整基础曝光**

在“基本”面板中，提亮照片。

② **增加雾感、提高清晰度**

减少去除薄雾的数值，增加雾气的氛围；提高清晰度，避免雾化后的细节不够清晰。

③ **调整色彩**

增加自然饱和度，在“HSL调整”面板中调整色彩分布。

④ **加强局部光影**

使用分离色调制作特殊色调效果。

使用渐变滤镜加强画面的光感氛围。

01 调整基础曝光

首先，针对画面黯淡、对比度不足的问题，提亮画面、增加对比度。

step 1 向右拖动“白色”滑块、向左拖动“黑色”滑块，定义黑白场。

step 2 向右拖动“曝光”滑块，整体提亮画面；向右拖动“对比度”滑块，提高画面的对比效果。

step 3 向左拖动“高光”滑块，修复高光细节；向左拖动“阴影”滑块，压暗暗部，使画面的明暗对比更加强烈。

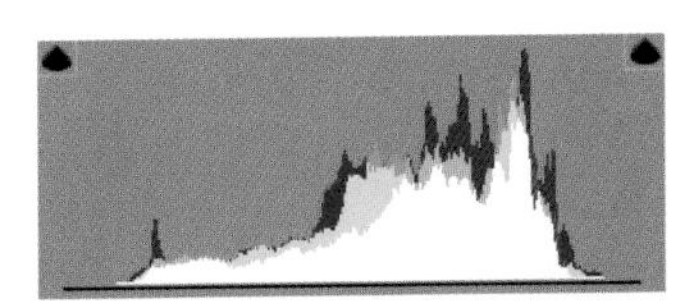

调整前的直方图暗部和亮部缺少像素分布，说明画面对比度不足。

调整后的直方图像素从左到右都有分布，说明画面的对比度充分。

02 增加雾感

向右拖动“去除薄雾”滑块，可以去除雾霾、提高对比，使画面看起来更通透。这里并不需要去除薄雾，而是需要向左拖动滑块，来增加雾感。

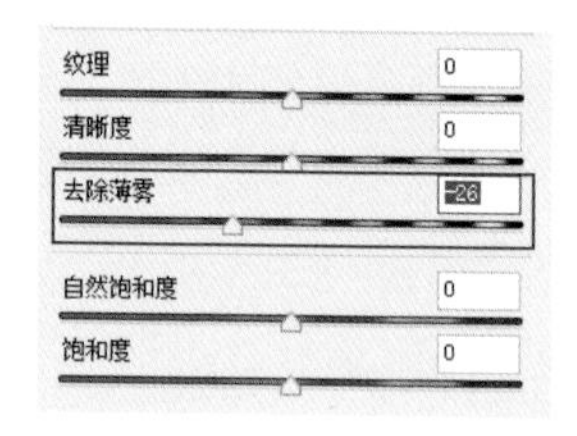

03 提高清晰度

画面整体变柔和后，为了让地面和树木看起来更清晰一些，向右拖动“清晰度”滑块，增加一些清晰度，改变清晰度会影响到对比度、锐度以及细节的表现。

纹理 0
清晰度 +28
去除薄雾 -26
自然饱和度 0
饱和度 0

04 增加自然饱和度

增加自然饱和度，让画面的色彩鲜艳起来，增加的幅度不宜过大，要避免给人俗艳的感觉。

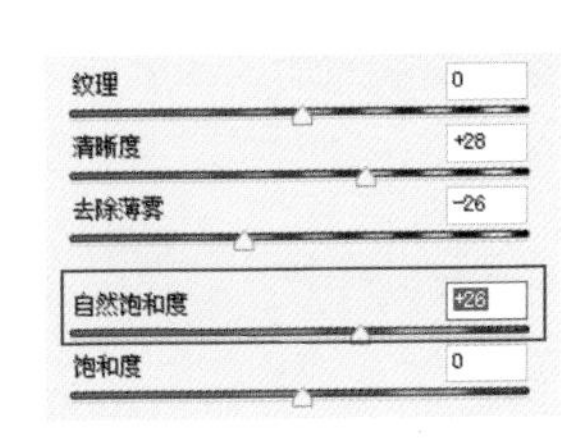

05 在HSL中加强云雾层次

观察上面的调整效果，云雾的色彩有些偏色，需要进行色彩调整。当无法确定画面中的色彩对应滑块中的哪种颜色时，可以通过工具栏中的目标调整工具来辅助找色。选择饱和度选项卡，按住鼠标左键在云雾上向左拖动，可以看到“蓝色”和“紫色”滑块的饱和度降低，这时的云雾变得白净起来；选择明亮度选项卡，继续在云雾上拖动鼠标，“蓝色”和“紫色”滑块的明亮度降低，这时画面的层次效果看起来更加分明。

06 使用分离色调强化冷暖对比

经过上一步的调整，尽管云雾变白净了，但整体画面的冷暖对比效果却被弱化了。因此，接下来需要在分离色调面板中强化画面的冷暖对比效果。拖动高光中的“色相”滑块至蓝色位置，少量增加饱和度，使高光区域（云雾）偏向冷色；拖动阴影中的“色相”滑块至暖橙色位置，少量增加饱和度，使阴影区域偏暖色，这样就使整个画面的冷暖对比效果得到加强。

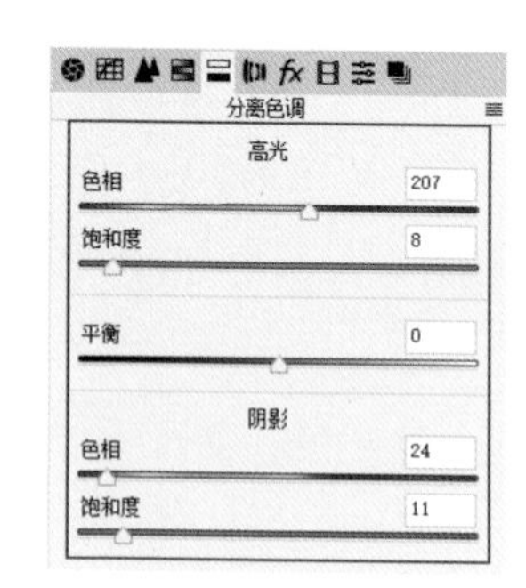

07 使用渐变滤镜强化局部光影

为了让画面右下方的光照效果更加突出，需要选择工具栏中的渐变滤镜进行局部调整。在渐变滤镜的选项参数中，增加曝光和高光的数值，提亮调整区域；另外向右拖动“色温”滑块，可以让被调整区域变得温暖而富有光感。

7.5 制作影调厚重的人文照片

这是一张整体色彩缺少表现力、人物脸部光线较为平淡的人文照片。调整的主要思路分为两步：第一步，让照片的色彩呈现出怀旧的青绿色调；第二步，压暗四周、轻微提亮人物脸部，使主体人物的形象更加突出。

扫码看视频

后期思路

① **调整基础曝光**

在“基本”面板中，调整基础曝光。

② **强化脸部细节**

增加人物脸部的纹理和清晰度。

③ **降低脸部的饱和度**

在“HSL调整”面板中，降低人物脸部的饱和度，强调人文照片的沧桑效果。

④ **调整为青黄色调**

在“分离色调”面板中，将照片调整为青黄色调。

⑤ **压暗四角**

在“效果”面板中，压暗四角。

使用渐变滤镜进一步对主体人物的四周进行压暗。

01 调整基础曝光

曝光的调整思路是提亮人物脸部，压暗环境光。在“基本”面板中，增加黑色，白色不做调整，定义好黑白场；增加对比度，然后压暗高光。

自动 默认值
曝光 0.00
对比度 +16
高光 -31
阴影 0
白色 0
黑色 +76

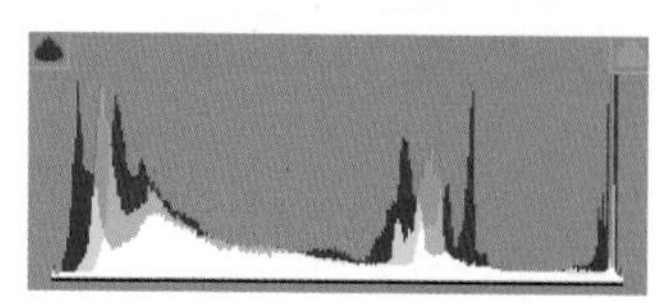

调整前的直方图

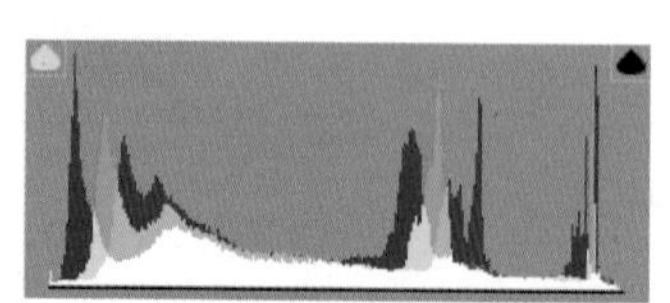

调整后的直方图

02 强化脸部细节

分别向右拖动“纹理”“清晰度”“去除薄雾”滑块，增加人物脸部的质感、清晰度，拖动时要注意观察画面，避免出现过渡效果生硬的情况。

自动 默认值

曝光	0.00
对比度	+16
高光	-31
阴影	0
白色	0
黑色	+76
纹理	+17
清晰度	+8
去除薄雾	+16

03 降低饱和度，并提亮脸部

人文纪实作品非常适合用低饱和度来传递一种沧桑感。选择“HSL 调整”面板中的饱和度选项卡，由于照片中的人物肤色偏红橙色，因此向左拖动“红色”和“橙色”滑块，就可以降低人物脸部的饱和度。

HSL 调整

色相 饱和度 明亮度

默认值

红色	-43
橙色	-38
黄色	0
绿色	0
浅绿色	0
蓝色	0
紫色	0
洋红	0

在明亮度选项卡中，向右拖动“红色”和“橙色”滑块，提亮人物脸部。

04 调整为青黄色调

在“分离色调”面板中，拖动“色相”“饱和度”滑块，让高光偏向青绿色，让阴影偏向橙黄色，饱和度的数值不宜过高，要避免色彩太过艳丽，影响画面的沧桑怀旧氛围。

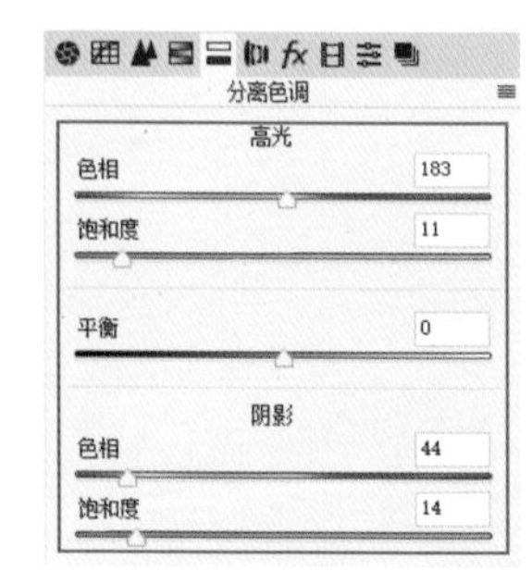

05 压暗四角

接下来在“效果”面板中，进行压暗四角的调整。

数量：向左拖动“数量”滑块，可以压暗四角；向右拖动，可以提亮四角。

中心：可以控制暗角的范围，向左拖动滑块，可以扩大暗角的范围；向右拖动，可以缩小暗角的范围。

圆度：可以控制暗角的弧度，数值越小，弧度越小，会接近正方形；数值越大，弧度越大，画面的过渡效果会更自然。

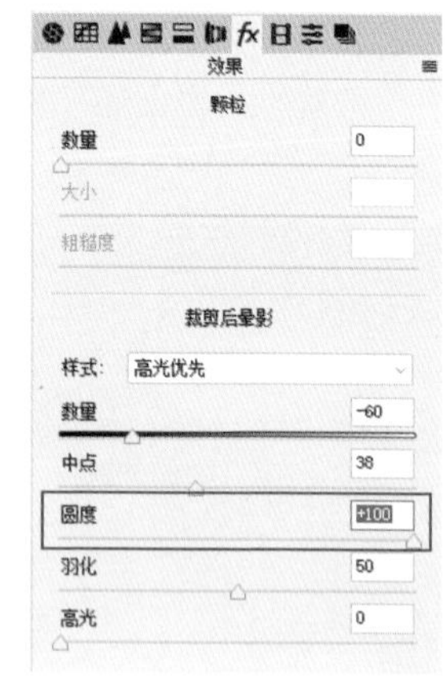

高光：可以恢复一些亮光处的细节，减弱因为整体压暗而导致的亮光处发灰失色的影响。

羽化：可以让调整区域与其他区域之间的过渡更加自然柔和。

06 使用渐变工具继续压暗四角

选择工具栏中的渐变滤镜，减少曝光、高光和白色的数值，在人物周边拖拉出多个压暗的渐变效果。

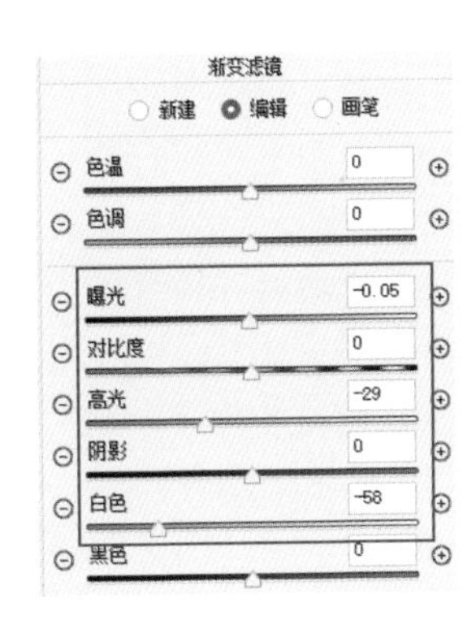

最后，单独新建一个增加曝光值的渐变滤镜，在人物脸部位置拉出提亮脸部的渐变效果。

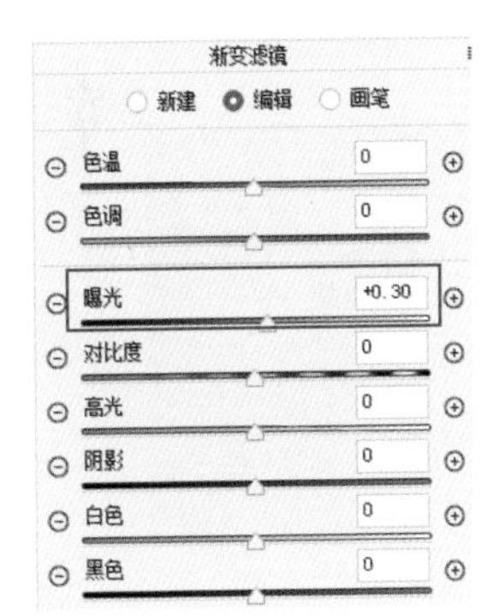

7.6 批处理一组照片

拍摄人像时，摄影者们往往会兴致勃勃地拍摄一大堆照片，如果要一张一张地进行后期处理，将会耗费很长时间。借助Camera Raw中的批处理功能，就可以针对同一场景、相近参数拍摄出的照片进行批处理，这样就可以大大节省后期处理的时间。

后期思路

① **选择单张照片调整**

选择一张有代表性的，与其他照片的曝光、色彩相近的照片进行调整。

② **应用批处理**

全选照片，应用批处理。

③ **对个别照片进行微调**

对个别同步后曝光不理想的照片进行微调。

01 在Camera Raw中同时打开多张照片

全选要进行批处理的照片，单击鼠标右键，在弹出的菜单中选择“在Photoshop中打开照片”，这样所有被选择的照片就会同时在Camera Raw中的左侧栏中显示。首先，选择一张和大多数照片曝光、色彩相近的照片进行处理。在“基本”面板中，调整曝光，提亮照片，增加明暗对比。

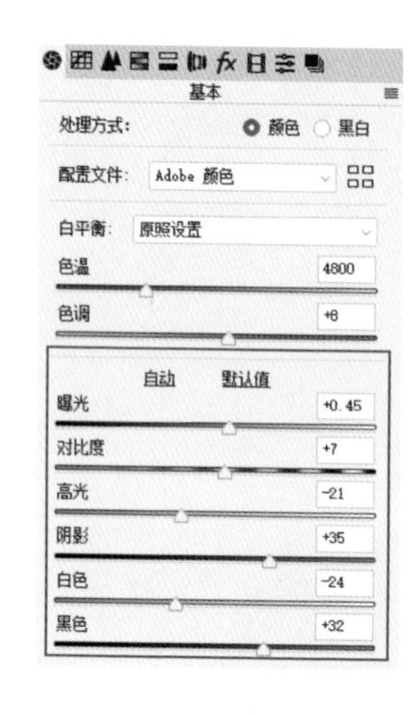

02 提亮人物肤色

选择“HSL 调整”面板中的饱和度选项卡，减少橙色，降低人物脸部的饱和度，使肤色看起来更白净一些；在明亮度选项卡中，向右拖动“橙色”滑块，提亮人物肤色。

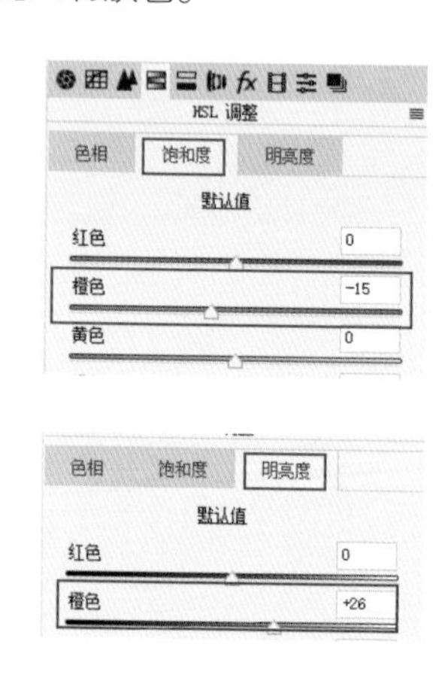

03 使用曲线通道调色

分析画面的色彩，黄色不够黄、绿色有些偏青绿，整体画面偏暗淡。

选择“色调曲线”面板中的红色通道，分别在中间调和亮部区域添加锚点并向上提拉，以增加红色，加红色后的画面会偏向橙黄色，符合金秋橙黄的效果；选择绿色通道，同样在中间调和亮部区域添加锚点并小幅向上提拉，这样在红色中混入绿色后，同样起到了加黄的作用；继续选择蓝色通道，添加锚点后向上提拉，这样在红色中混入蓝色后，可以混合出品红色的效果。这样就得到了综合品红色和黄色的色调效果。

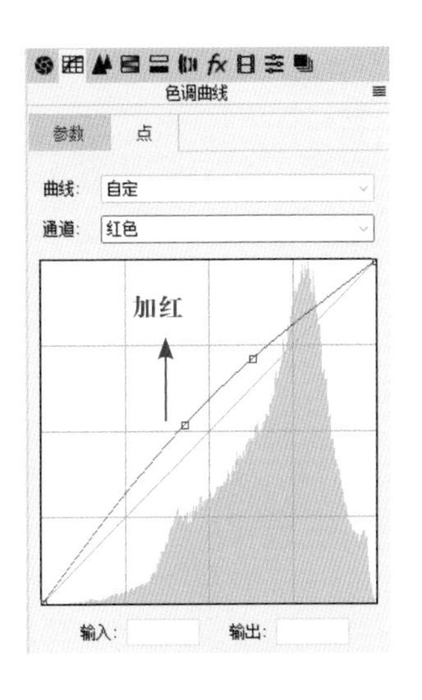

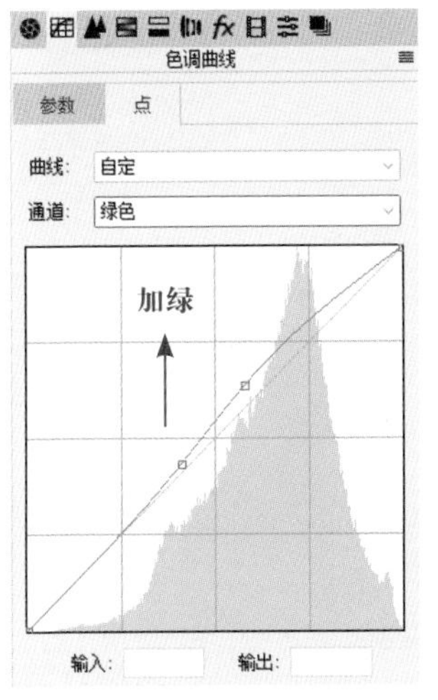

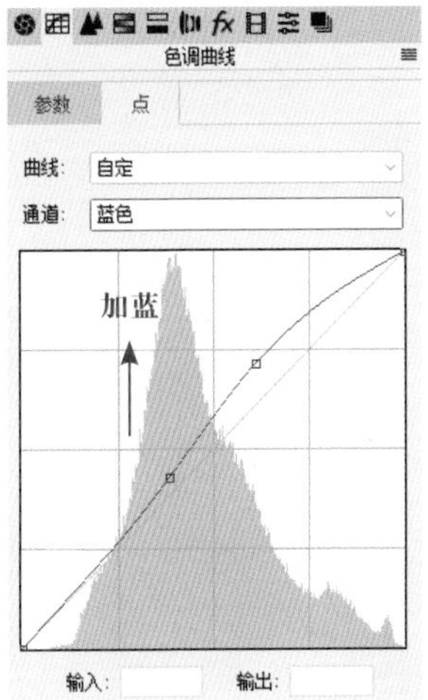

04 使用曲线压暗高光

选择曲线右上角最上面的端点，向下拖拉并平移，可以压暗画面中过亮的区域。

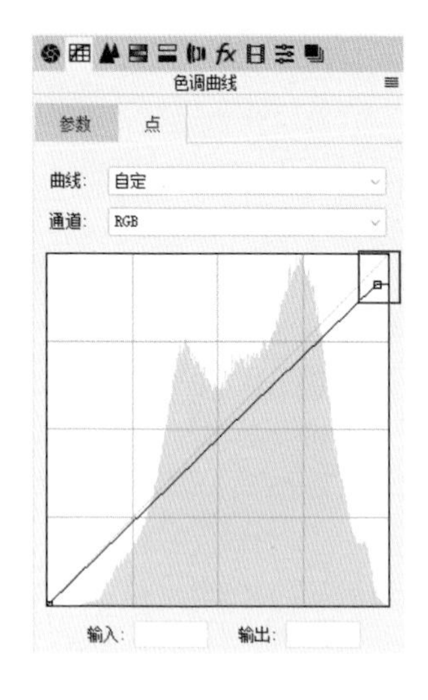

05 全选照片，应用批处理

调整完单张照片后，按 Ctrl+A 组合键，全选照片，然后单击鼠标右键，选择“同步设置”，在弹出的同步对话框中，可以手动更改要同步的调整项，这里保持默认的选择（除了最下方的裁剪、污点去除和局部调整不应用到同步处理，其他调整都应用到同步处理）。

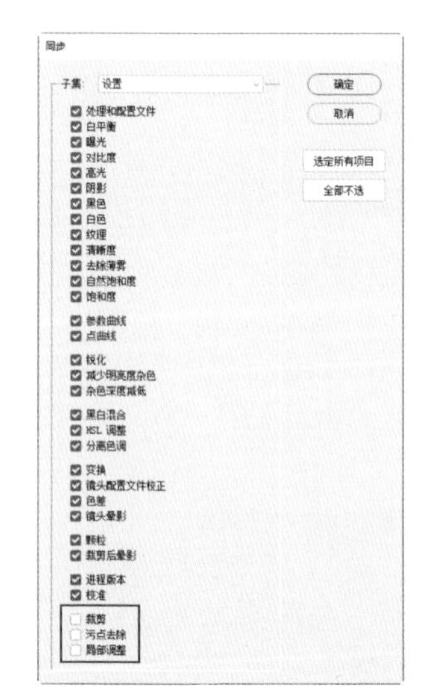

应用完批处理操作后，任意选择左侧栏中的一张照片，查看“基本”面板，可以看到曝光参数与第一张样图调整的参数是一致的。

06 微调批处理后的效果

大多数情况下，在同一场景下、采用相同的曝光参数拍摄到的照片，在应用批处理后都会获得较为理想的画面效果。当然也会有例外，例如下面这张例图在处理后，人物的脸部看起来有些暗，这时就需要对批处理后的调整效果进行微调。接下来，选择明亮度选项卡，增加橙色，对肤色进行提亮。

第 8 章

简修后的照片如何处理

简修后的照片如果达到了预期的调整效果，那么可以选择保存照片；如果还需要借助 Photoshop 做进一步调整，那么可以选择以“打开图像”的方式进入或者是以“打开对象”的方式进入。

8.1 在Camera Raw中保存照片

在 Camera Raw 中调整完照片后，如果想要直接保存照片，那么就单击界面左下方的“存储图像”，在弹出的存储选项对话框中可以设置存储选项，包括存储位置、文件命名、存储格式、照片大小和色彩空间等。

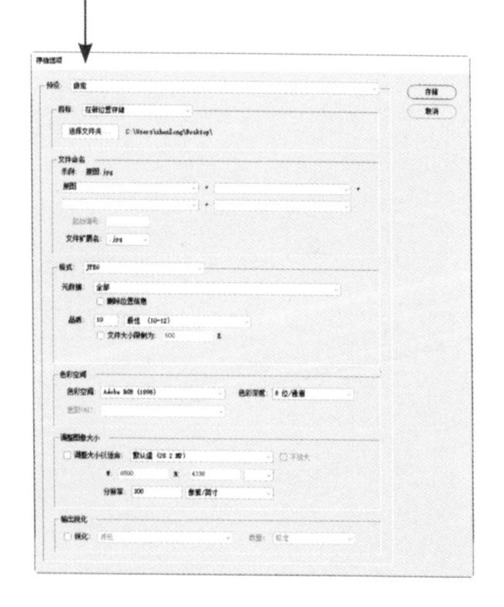

8.1.1 选择存储位置和重命名照片

单击文件夹，在弹出的对话框中选择要保存照片的磁盘，然后新建一个文件夹，例如“照片修好”，这样每次通过 Camera Raw 存储的照片就会保存到该文件夹中。照片如果不重命名，那么就会以照片本来的命名保存；如果想要重新命名，就需要手动输入新的命名。

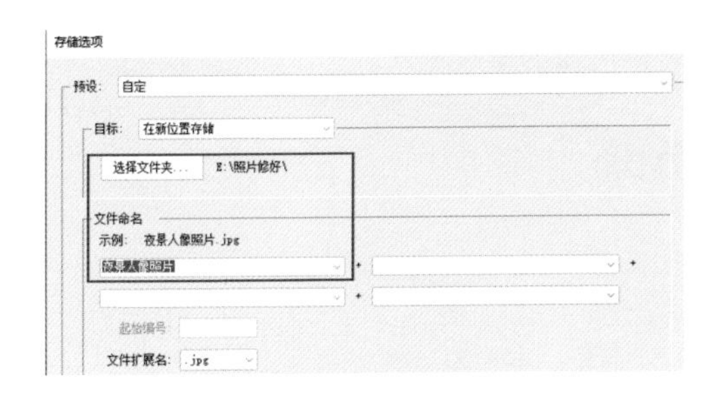

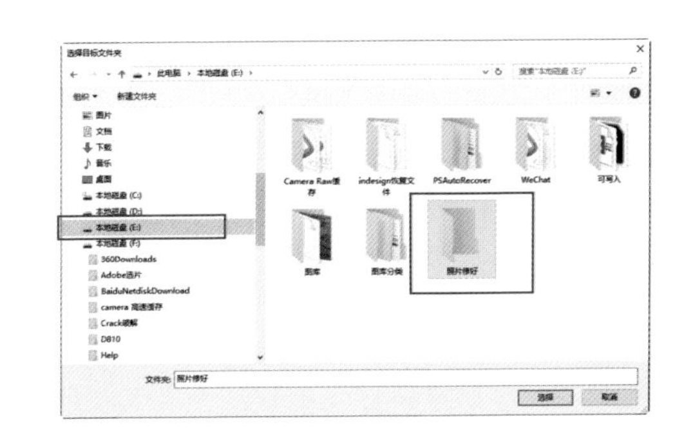

8.1.2 设置存储照片的格式

在 Camera Raw 中调整完照片后，如果不打算进入 Photoshop，而要直接保存照片的话，那么可以在 Camera Raw 中设置存储格式、品质、色彩空间、图像大小以及分辨率。

格式：常用的照片存储格式包括 TIFF 和 JPEG 两种。二者的区别在于色彩位深上的差异，TIFF 格式支持 16 位的色彩深度，而 JPEG 只支持 8 位的色彩深度，这样就会导致 JPEG 记录的色彩信息不如 TIFF 多。如果需要保存高质量的大图，那么就选择支持 16 位色彩深度的 TIFF 格式；如果只是用于普通冲印或者网络分享的小图，那么就选择 8 位色彩深度的 JPEG 格式。

品质：品质是针对 JPEG 格式的设置，当需要保存原尺寸大图时，就设置为最佳（10—12），取消勾选“文件大小限制为”复选框；如果是用于网络分享的小图，那么可以设置品质为高（8—10），文件大小设置为 500KB 以内。

色彩空间：保存原尺寸大图时，设置较大色彩空间的 Adobe RGB（1998）；网络分享的小图设置为 sRGB IEC61966-2.1。

图像大小：当需要保存原尺寸大图时，保持默认尺寸和分辨率即可；如果是用于网络分享的小图，可以将长边设置为 1000~1200 像素，分辨率调整为 72 像素 / 英寸。

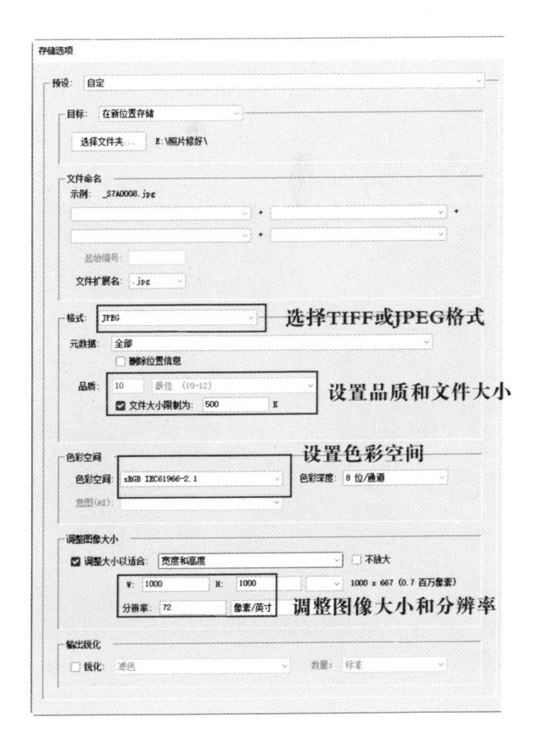

8.2 进入Photoshop精修照片

在 Camera Raw 中调整完照片后，如果要进入 Photoshop 中做进一步处理，可以有两种选择。一种是以普通图像的形式进入，另一种是以智能对象的形式进入。

8.2.1 以图像的形式进入 Photoshop

单击“打开图像”按钮进入 Photoshop 后，想要更改在 Camera Raw 中的调整，就需要在 Photoshop 中关闭图片，然后重新打开图片，再次进入 Camera Raw 中进行修改。

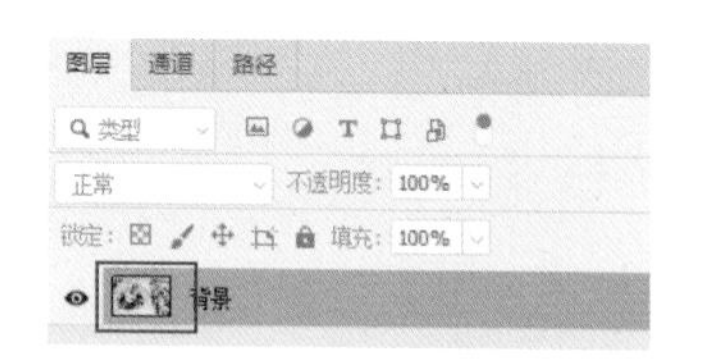

8.2.2 以智能对象的形式进入 Photoshop

按住 Shift 键不放，“打开图像”按钮会变为“打开对象”按钮，单击该按钮，照片就会以智能对象的形式在 Photoshop 中打开。智能对象的优点是可以随时回到 Camera Raw 界面中对参数进行更改，而不需要在 Photoshop 中关闭图片再重新进入 Camera Raw。

单击智能对象标识，可以再次回到 Camera Raw界面中

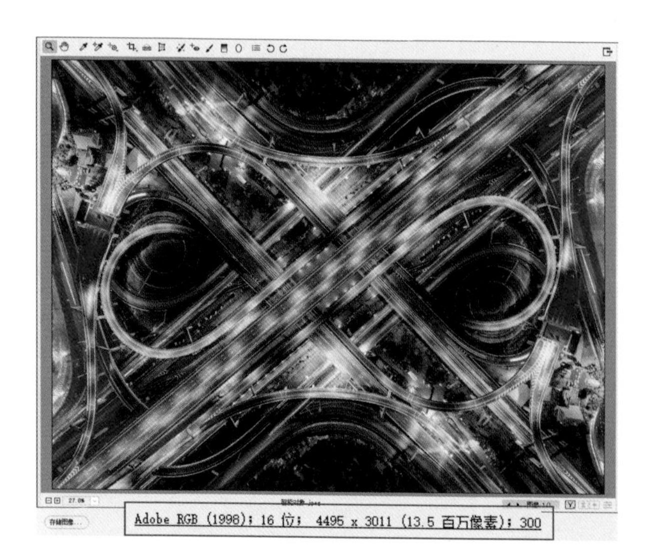

实际操作中，建议大家以智能对象的形式进入Photoshop中。这里可以将默认的“打开图像”按钮设置为“打开对象”。单击 Camera Raw 界面中图片下方的信息条，在弹出的工作流程选项对话框中，勾选“在 Photoshop 中打开为智能对象”复选框即可。

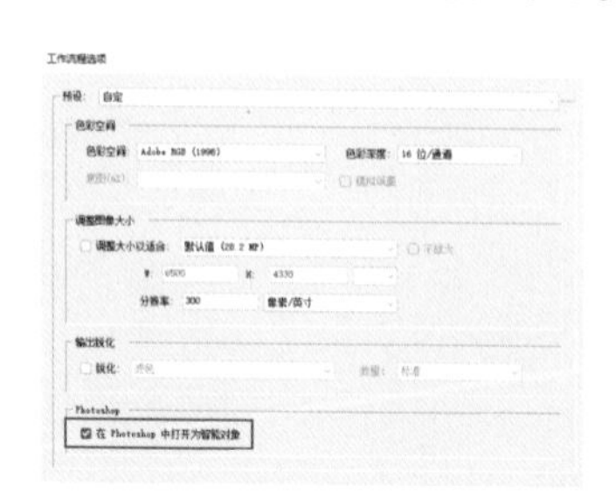

智能对象除了可以用于反复更改调整参数外，还可以用于分区调整。例如，在遇到明暗光比较大的场景时，为了更好地还原明暗细节，就可以借助智能对象对画面中的暗部和亮部分别进行调整。

在Camera Raw中打开一张逆光角度下拍摄到的明暗反差较大的照片。接下来，学习如何借助智能对象对天空和地面进行分区调整。

01 调整天空的曝光效果

只针对天空细节层次进行调整，不管暗部是否欠曝。首先在“基本”面板中减少曝光，压暗天空；减少高光，还原更多亮部细节；增加对比度，提高明暗对比。然后选择“打开对象”，将照片以智能对象的形式在Photoshop中打开。

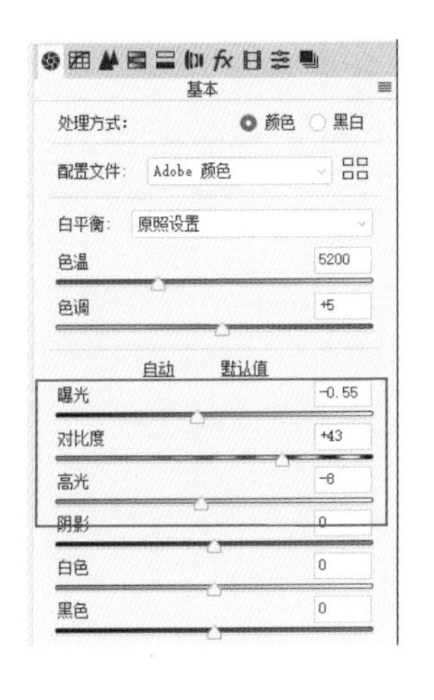

进入 Photoshop 后，如果想更改在 Camera Raw 中的调整效果，那么单击智能对象的标识，就可以随时回到 Camera Raw 界面中。

02 新建智能对象

在 Photoshop 界面中，在“IMG_7755”背景图层单击鼠标右键，选择“通过拷贝新建智能对象”，新建一个图层。详细的图层介绍请参见后面章节的讲解。

03 调整地面曝光

单击“IMG_7755 拷贝”图层的智能对象标识，进入 Camera Raw 界面，这次调整主要针对地面，而不管天空是否过曝。在“基本”面板中，提亮阴影和黑色，增加对比度，完成对地面的调整后，按“确定”按钮，重新回到 Photoshop 界面中。

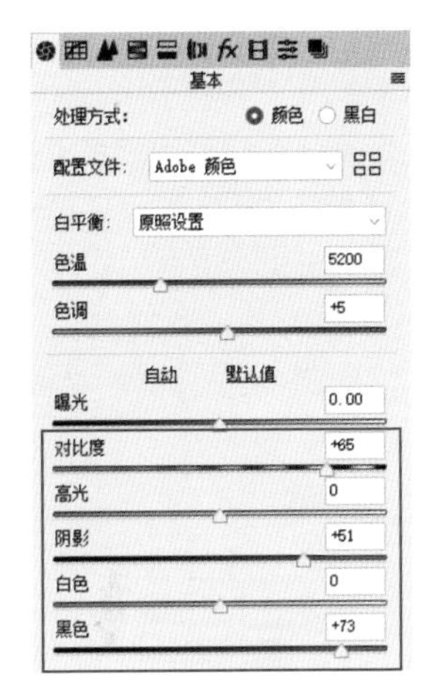

04 使用蒙版实现天空和地面的分区调整

选择调整过地面的“IMG_7755 拷贝”图层，单击图层蒙版，使用画笔工具擦出下方单独调整天空的背景图层，这样就借助两个图层，实现了分区调整的目的。详细的蒙版介绍请参见后面章节的讲解。

第三篇

Photoshop 中的照片精修

第 9 章
曝光、色彩的局部精修

本章重点学习如何在 Photoshop 中借助图层和蒙版实现曝光、色彩的局部调整。

9.1 利用图层实现多次微叠加的调整

在使用图层前，首先认识 Photoshop 的主界面。

9.1.1 认识 Photoshop 界面

① **菜单栏**

菜单栏位于窗口最上方，包含Photoshop中的大部分操作命令。

② **工具栏选项**

工具栏选项是对工具参数的设置，例如在使用画笔工具时，需要在工具栏中设置“不透明度”“流量”等。

③ **工具箱**

工具箱中包含了选择、修复、填充、路径等工具，单击选择就可以直接使用。

④ **面板组**

面板组中的显示项可以通过菜单栏中的窗口进行设置。后期处理时，常用的面板包括直方图、属性和信息等。

⑤ **图像窗口**

图像窗口是当前照片的显示工作区域。

9.1.2 图层的使用方法

利用图层可以叠加多个操作步骤，从而实现更精细的调整效果。图层的优点是可以进行无损的反复编修。例如对某一步的调整不满意时，可以直接找到该操作步骤的图层进行更改或删除。下面来学习图层的具体使用方法。

1. 创建多个调整图层

单击右下角的“创建新的填充或调整图层”按钮，会弹出调整图层选项，选中其中一项就可以新建一个调整图层。

例如选择曲线，图层面板中就会新增一个“曲线 1”调整图层，然后就可以在属性框中调整曲线来改变画面的亮度。如果找不到属性框，那么可以单击菜单栏上的窗口 > 属性，进行显示。

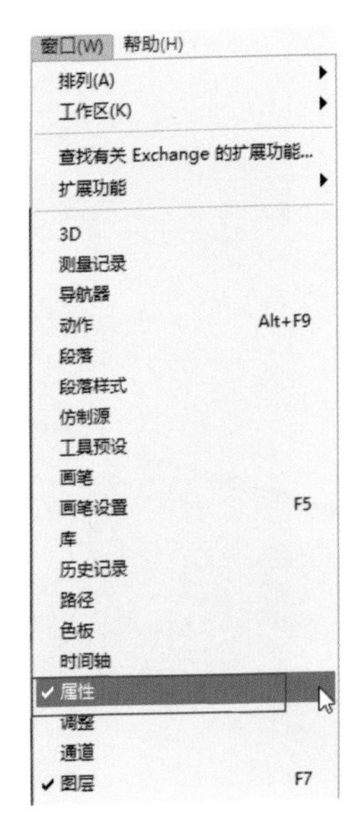

继续单击右下角的“创建新的填充或调整图层”按钮，再次新建一个曲线调整图层，图层面板中会显示“曲线 2”图层，接下来在属性框中调整曲线的效果就会叠加在下方所有图层上。

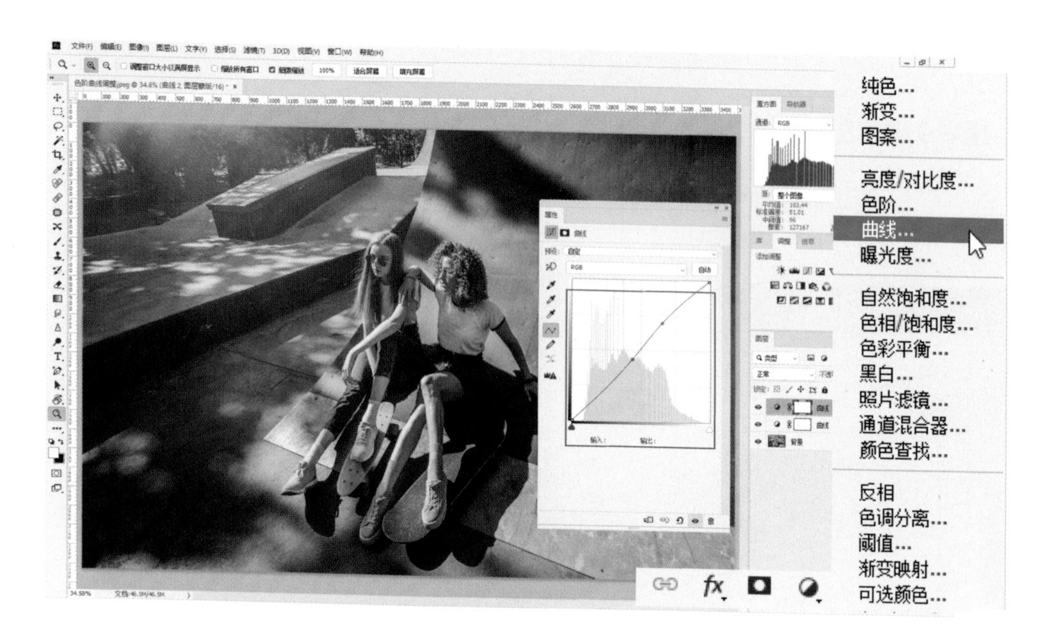

继续新建一个色相饱和度调整图层，就可以对照片的色彩效果进行调整，调整后的效果同样叠加在下方所有图层上。

2. 重新更改调整图层的效果

在多次叠加调整后，如果感觉整体效果不理想，就可以回到当前图层的下方图层去重新更改调整效果。例如感觉对比效果不好，那么就回到下方的曲线调整图层中进行重新调整。

3. 改变调整图层的顺序

图层的位置顺序是可以移动更改的。例如可以将“曲线1”图层拖动到“曲线2”图层的上方，移动时只要按住鼠标左键拖动该图层即可。改变图层位置常用于图片创意合成和设计排版等用途。

4. 图层分组

当建立了几十个图层后，想要反复查找修改会很麻烦，这时就需要对图层进行有效分组，这样既可以让调整步骤一目了然，也方便快速地查找和更改。

多选要进行分组的图层，按Ctrl+G组合键，就可以将这些图层合并为组。合并多个组后，想要有效区分就需要对组进行重命名，例如双击图层面板上的“组1”文字，将名称更改为“曝光调整”。

当需要更改曝光调整组内的参数时，可以单击小眼睛后面的图层展开标识，显示当前组内的所有图层，然后选择相应的图层进行更改。按照这样的思路，可以将色彩调整的图层组命名为“色彩调整”。

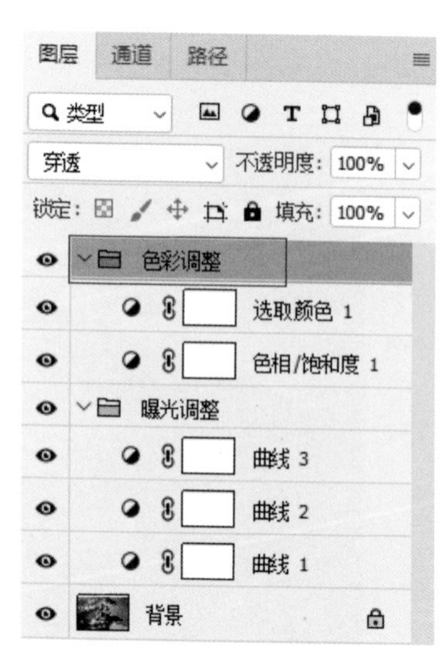

5. 隐藏图层

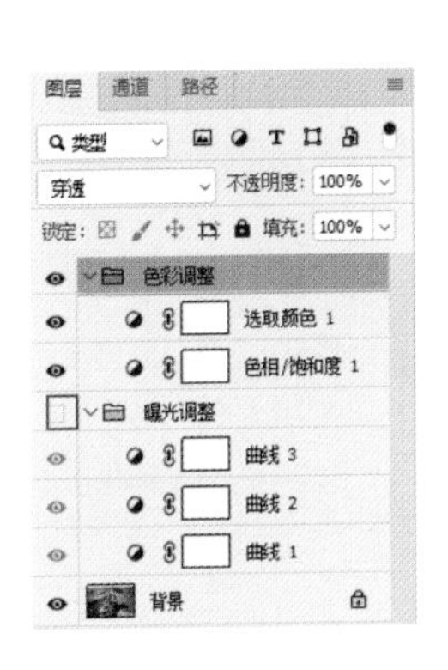

隐藏图层可以用于查看调整前后的对比效果。另外，当需要保存两套方案时，也可以选择隐藏另一套方案，方便随时调出。隐藏图层的方法是取消图层前的小眼睛显示。

6. 合并图层

合并图层的好处是可以缩小存储文件的大小。合并图层的方法是任选一个图层，单击鼠标右键，在弹出的菜单中选择“合并可见图层”，这样所有的图层（除了隐藏图层）都会被合并；如果想要单独合并某几个图层，那么就按住 Ctrl 键单击选择每一个要合并的图层，然后单击鼠标右键，在弹出的菜单中选择“合并图层”，也可以直接按 Ctrl+E 组合键进行合并。

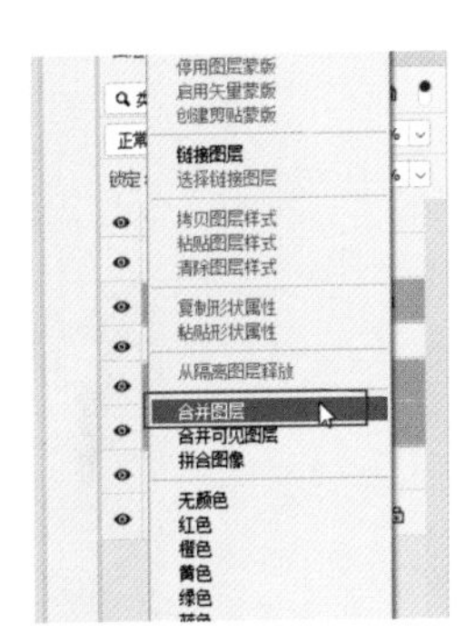

7. 删除图层

想要删除图层，可以将该图层拖至右下角的回收箱位置或者直接按 Delete 键。

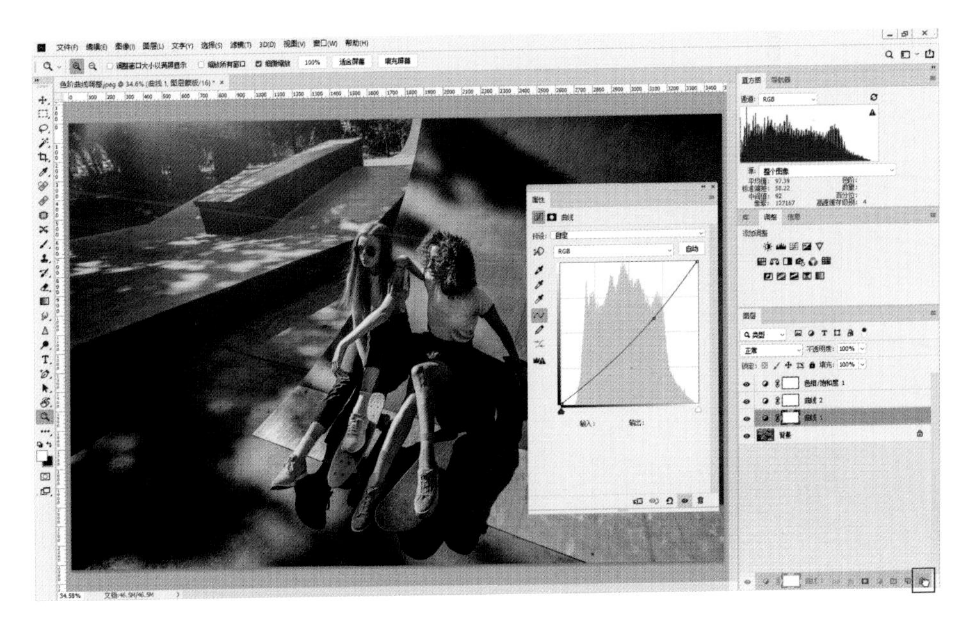

9.1.3 常用的调整图层

1. 曝光调整图层

常用的曝光调整图层包括亮度 / 对比度、色阶和曲线调整图层。

●亮度对比度

在 Photoshop 中打开一张发灰的照片。

单击右下角的新建调整图层图标，选择新建“亮度 / 对比度”调整图层，在属性框中向左拖动“亮度”滑块，压暗画面；向右拖动“对比度”滑块，增加对比度。这种调整会对图像整体进行等比例的调整，很容易丢失图像细节，因此参数值的设置不宜过大。

●色阶

色阶可以用来定义黑白场，加强画面的明暗对比。

新建色阶调整图层，在色阶属性框中拖动最左侧的黑色滑块可以确定黑场；拖动最右侧的白色滑块可以确定白场；拖动灰色滑块，可以改变中间调的明暗。

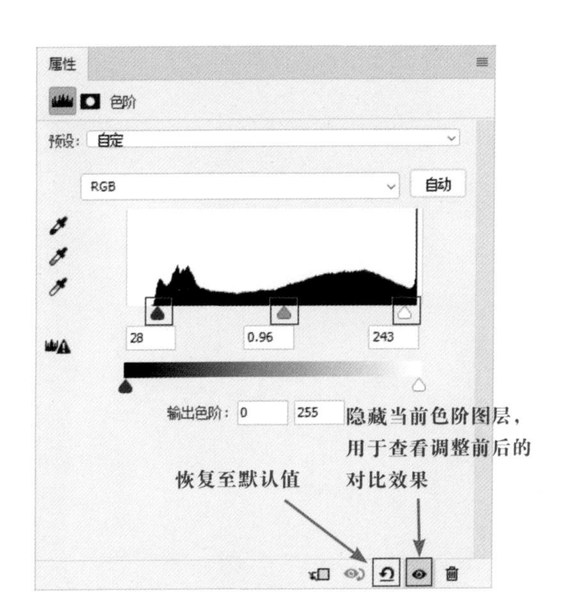

使用色阶定义黑白场时，还可以使用左侧的吸管工具。单击第一个黑色吸管，移动光标至画面最黑的位置单击，确定好图像的黑场；单击第三个白色吸管，移动光标至画面最亮的位置单击，确定图像的白场。可以看到画面的明暗对比瞬间被加强。

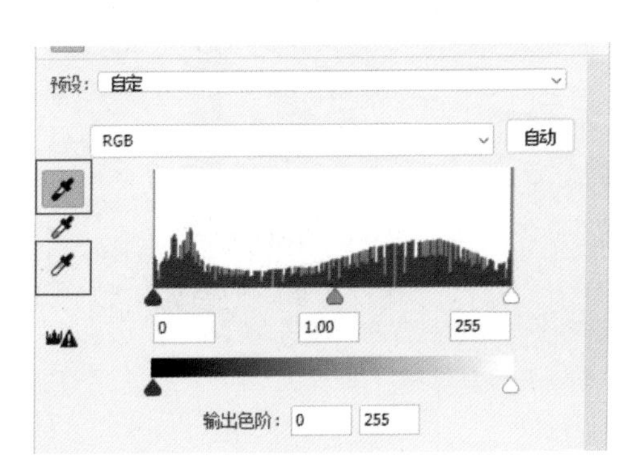

●曲线

曲线的操作与在 Camera Raw 中的曲线操作原理相同，可以直接在曲线上增加锚点，上下拖拉锚点来调整明暗，也可以单击左侧的小手指图标，然后在画面上点击要调整的区域，曲线上就会出现对应该区域的锚点，这样就可以提高调整的准确性。

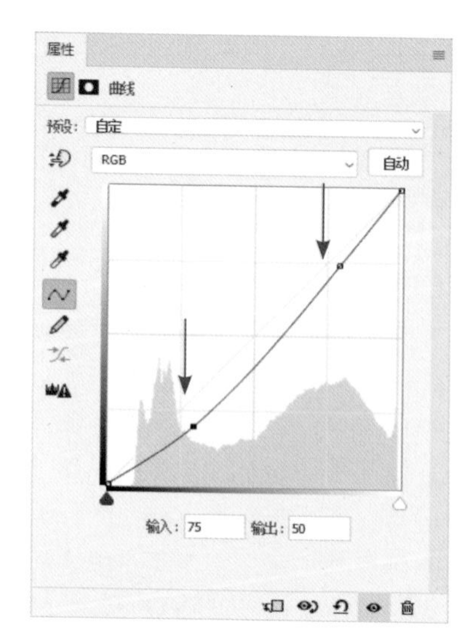

2. 色彩调整图层

常用的色彩调整图层包括曲线、色相饱和度、色彩平衡和可选颜色。曲线是通过对 RGB 三色通道进行更改来调整色彩，方法与在 Camera Raw 中的调整相同，这里不再重复。

●色相饱和度

这是一张色彩平淡的照片，下面介绍如何通过调整色相饱和度让画面鲜亮起来。首先，新建色相饱和度调整图层。在色相饱和度属性框中可以对色彩的三要素进行调整。

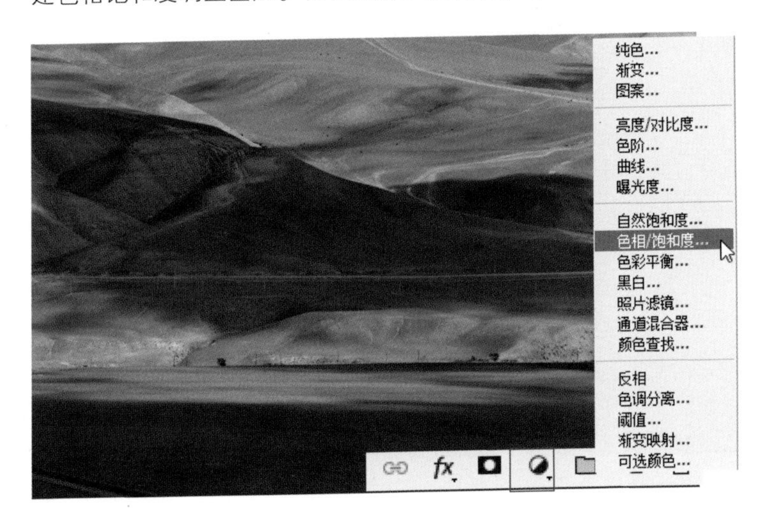

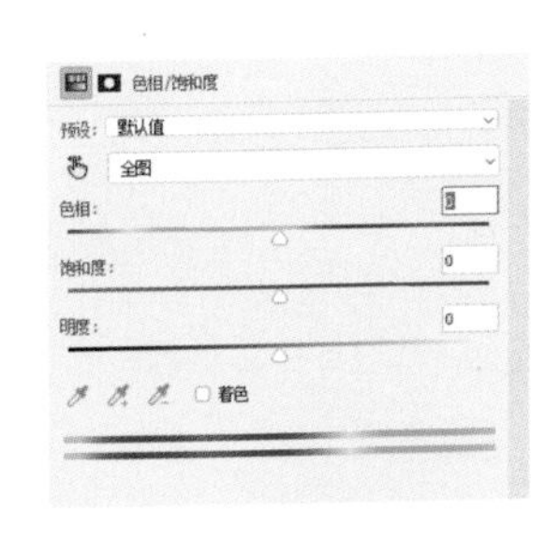

这里只对照片的饱和度进行局部调整。单击属性框中的抓手工具，在想要调整的区域拖动鼠标，就可以自动识别该位置的颜色。例如选择被光线打亮的地面向右拖动鼠标增加饱和度，在属性框中可以看到只有黄色的饱和度增加，说明该位置的颜色对应的是黄色。这个黄色是有一定范围的，观察画面可以看到，不仅黄色地面的饱和度提升，远处绿色草地的饱和度也有所提升。如果不想让草地的饱和度提升，可以通过缩小色彩范围来实现。

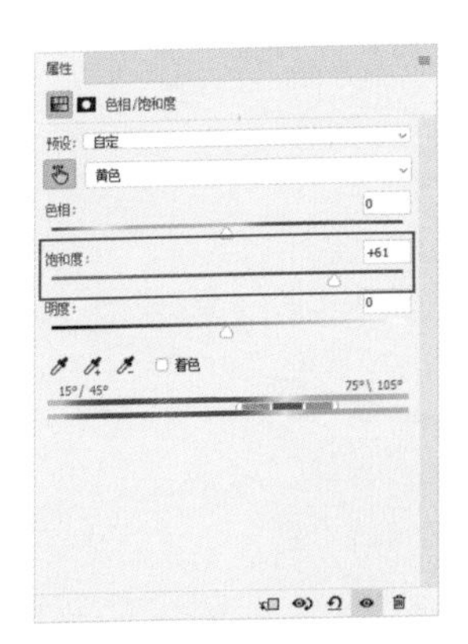

在属性面板下方的两组色条之间有两根竖线，竖线之间是主要的选择范围，当前地面显示的黄色就是主要选择的颜色；竖线到两侧小三角的区域是临近选择范围，这里包含了绿色和橙红色，这也是增加了黄色的饱和度后，绿色也会增加的原因。想要让绿色不增加饱和度，可以单击“从取样中减去”按钮，然后在绿色草地位置单击，这样选择的色彩范围就会减少，草地的饱和度瞬间被降低。

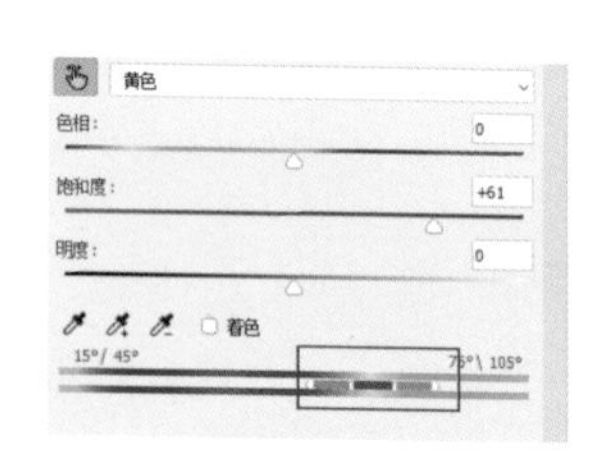

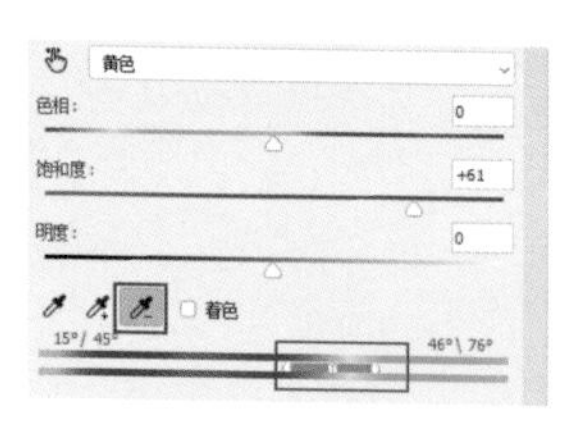

另外，也可以手动拖动小三角来改变色彩范围。向右拖动小三角，缩小橙红色的范围，这样调整后的画面饱和效果就没有那么浓郁了，看起来会更加自然。

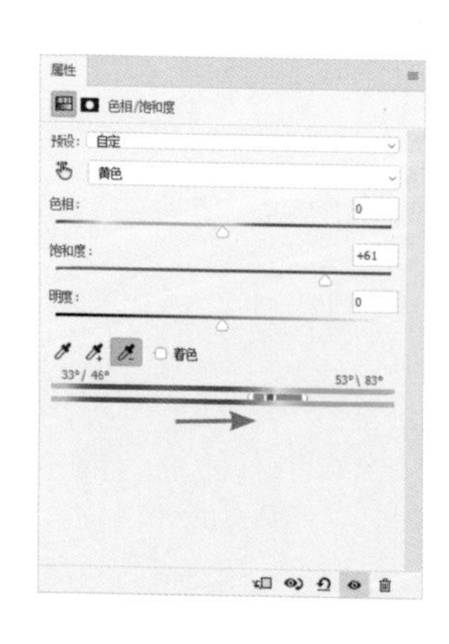

● **色彩平衡**

新建色彩平衡调整图层，在属性框中有三组颜色条，滑块右侧为红色、绿色和蓝色，滑块左侧与之对应的是它们的补色——青色、品红色和黄色，关于补色的概念请看接下来的可选颜色讲解。当照片偏红时，向左加青色可以减少红色；偏品红色时，向右加绿色可以减少品红色；偏蓝色时，向左加黄色可以减少蓝色。在色彩平衡属性框中，可以分别针对中间调、高光和阴影进行单独的色彩调整 。

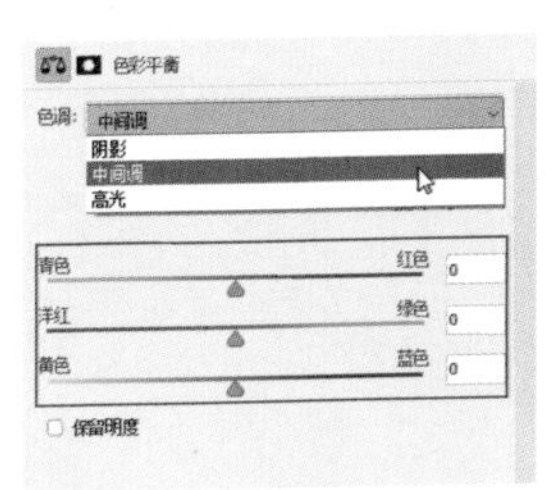

step 1 分析上图的颜色会发现画面整体偏向青绿色，因此需要减少青色和绿色两种颜色。首先，选择中间调选项卡，加红色来减少青色，加洋红色减少绿色，调整后的画面色彩看起来自然了很多。

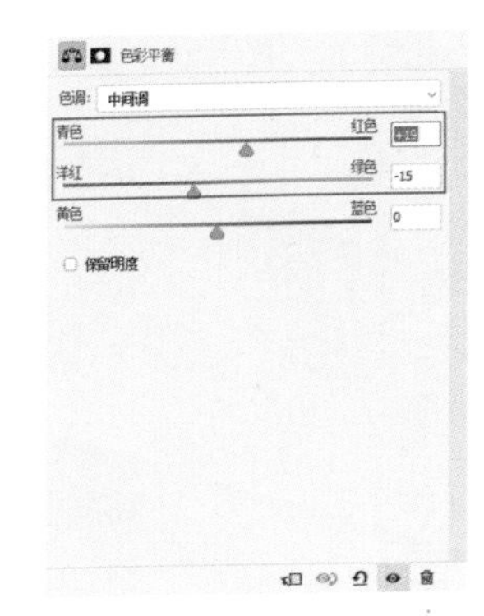

step 2 选择高光选项卡，向右增加红色，向左增加洋红色，向左增加黄色，让整个高光区域看起来偏向暖色。

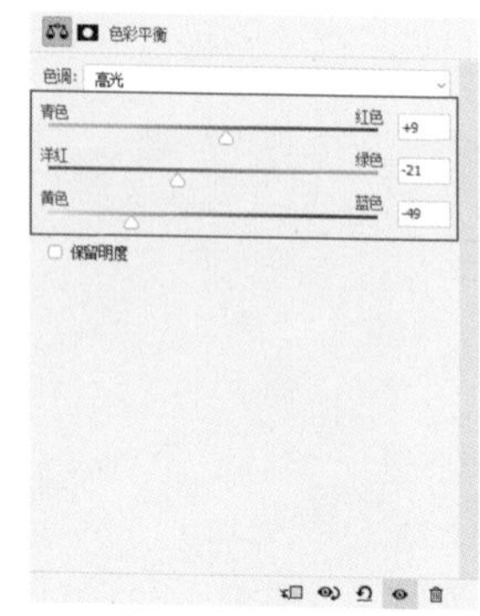

step 3 选择阴影选项卡，向左增加黄色，这样画面中大面积的绿色会混入黄色，照片就有了黄绿色的温暖效果。

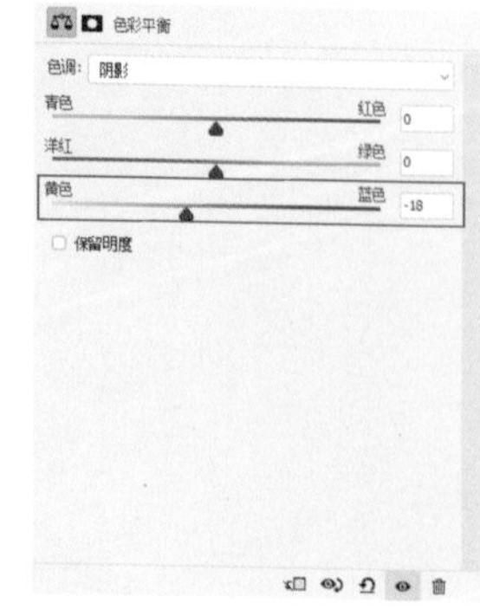

●可选颜色

可选颜色可以针对红色、黄色、绿色、青色、蓝色、洋红以及白色、中性色和黑色进行分色彩的调整。下面以一张天空不够蓝的照片为例，来学习如何让蓝色变得更蓝。首先新建可选颜色调整图层，然后选择蓝色通道。

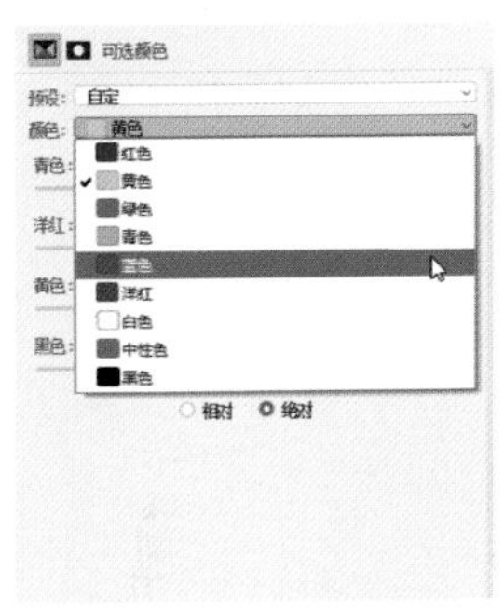

向左拖动“黄色”滑块至 –100，向右少量拖动“青色”“洋红”“黑色”滑块，这样调整后的天空看起来就有一种魅蓝的视觉美感。这其中有什么色彩规律可循呢？

把一个圆分成24等份，把光的三原色——红、绿、蓝三种颜色放在三等份上，把相邻两色等量混合，将得到的黄色、洋红色和青色放在六等份上，再把相邻两色等量混合，把得到的六个复合色放在十二等份上，继续把相邻两色等量混合，把得到的十二个复合色放在二十四等份上即可得到24色相环。二十四色相环每一色相间距为15°（360°÷24）。

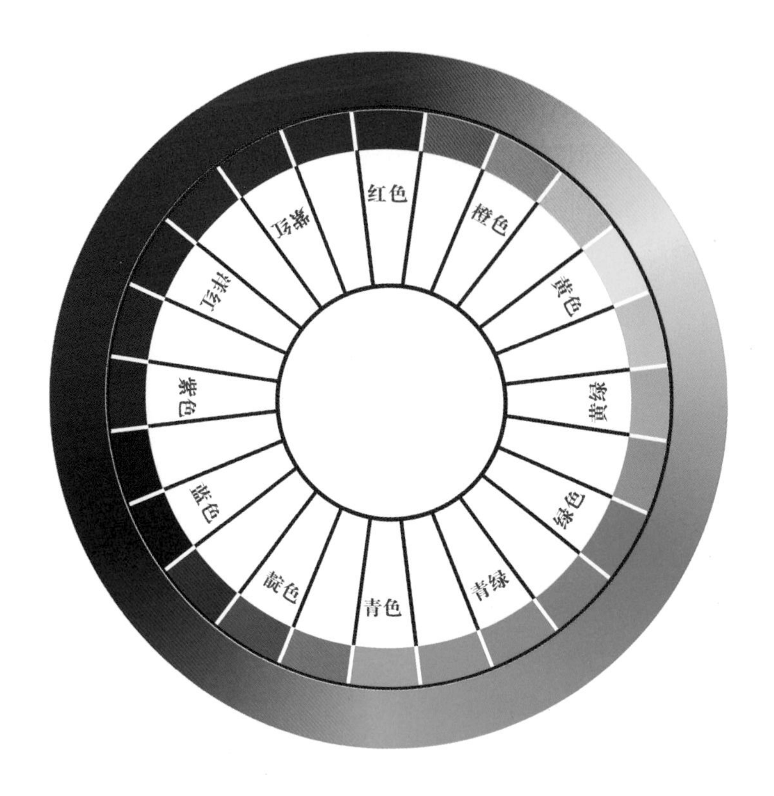

互补色：在色相轮上，呈180°角对应的颜色为互补色，也就是在色彩平衡中看到的红色与青色、洋红色与绿色以及黄色与蓝色。互补色的色相对比最为强烈，减一种颜色，就等于增加对应的补色。

近似色：在色相轮上，呈60°角的颜色为近似色。以红色为例，左侧60°角的近似色为洋红色，右侧60°角的近似色为黄色，两种近似色相加混合出的颜色为红色。

回到可选颜色的属性框中，想要对一张颜色不够红的色块进行加红处理，需要选择红色通道，然后减少红色的互补色（青色）、增加红色的近似色（洋红色和黄色），这样经过互补色和近似色的共同作用，就可以更好地实现加红的目的。

调整前

调整后

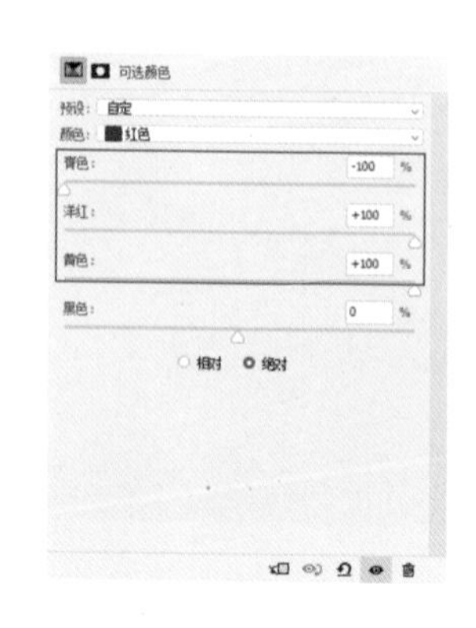

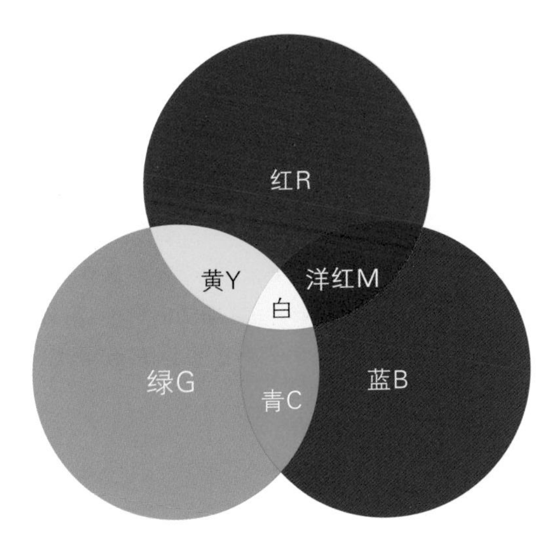

通过左侧的色彩混合效果图，可以清楚地看到，绿色的补色为洋红色，黄色和青色是绿色的近似色；蓝色的补色是黄色，青色和洋红色是蓝色的近似色。

下面以一张风景照片为例，讲解如何在可选颜色中利用互补色和近似色原理进行色彩调整。

step 1 针对照片的天空看起来不够蓝的问题，新建可选颜色调整图层，选择蓝色通道，想要增加蓝色就需要增加青色（近似色）、减少黄色（补色），这样调整后的天空就变蓝了。

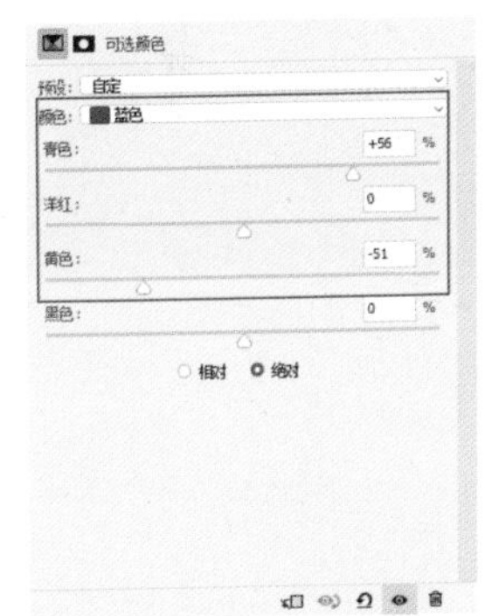

调整前

调整后

step 2 接下来调整岩石，让岩石的色彩看起来更加鲜亮。选择红色通道，减少青色、增加黄色，实现加红的目的。另外，增加一些黑色可以有效地提亮岩石。

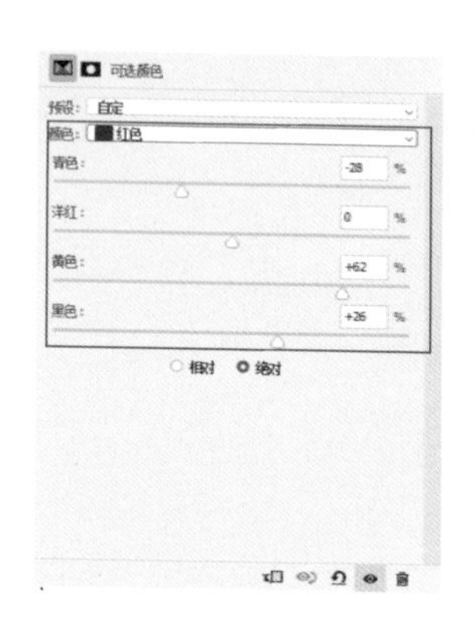

step 3 选择黄色通道，增加黄色、洋红色、减少青色（增加红色），让岩石整体偏向阳光照射的暖橙色调。最终就得到了色彩鲜艳、对比强烈的画面效果。

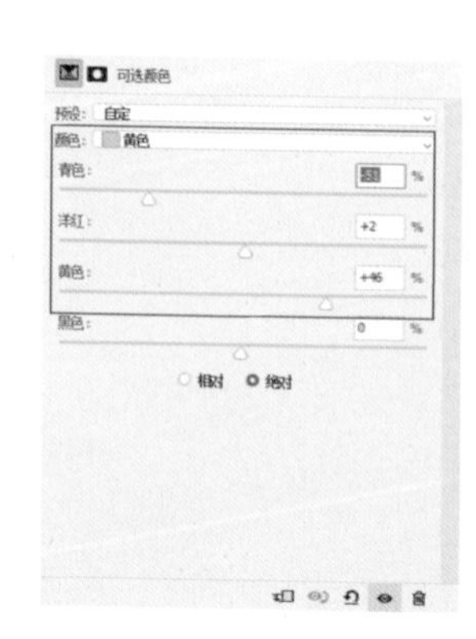

9.1.4 图层的混合模式

在对照片进行后期处理时，经常用到的混合模式是压暗组中的正片叠底、提亮组中的滤色和提高对比组的柔光。使用正片叠底可以压暗画面，使用滤色可以提亮画面，使用柔光可以加强画面的对比。

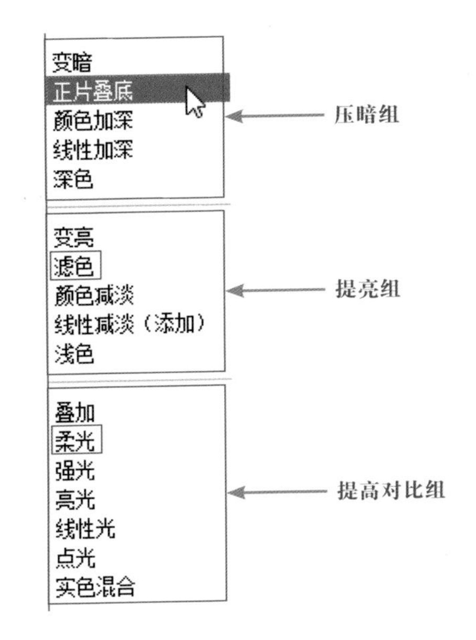

1. 使用正片叠底压暗画面

这是一张整体偏亮的照片，针对这样的照片，可以使用前面学到的色阶或者曲线对画面进行压暗，更快捷的方法是使用图层混合模式中的正片叠底。

01 设置混合模式为正片叠底

新建一个曲线调整图层，设置混合模式为正片叠底，画面瞬间就被压暗，但压暗的效果有些过于强烈。

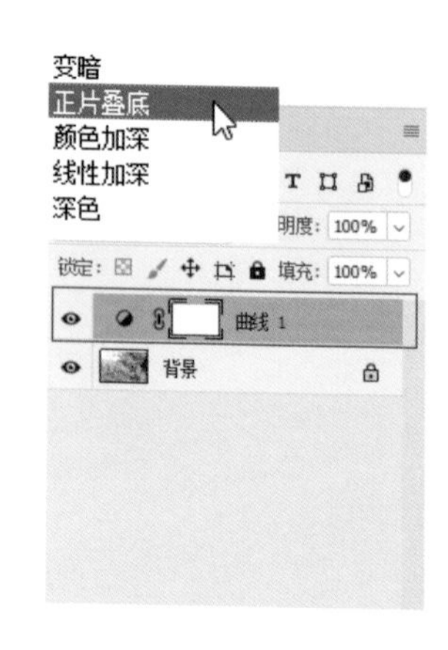

02 调整不透明度

通过调整不透明度或者填充的百分比数值就可以改变应用效果的强度，例如将不透明度降低至 66% 后，画面压暗的效果明显有所减弱。

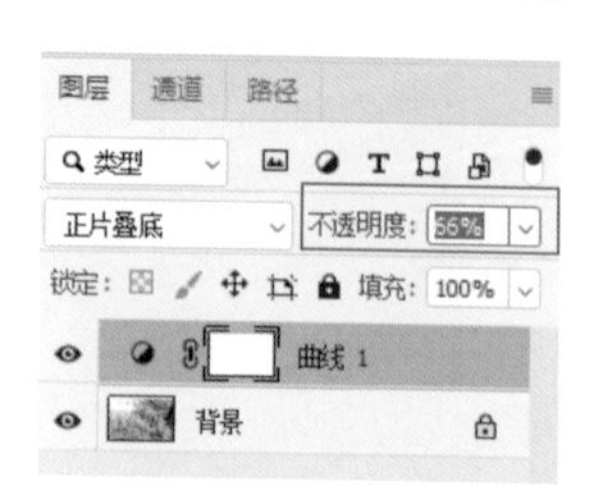

不透明度和填充的区别：在针对图片调整混合模式的应用强度时，二者的作用是相同的。二者的区别体现在图层样式上的应用，例如在 Photoshop 中创建文字图层时，如果增加了阴影、外发光等图层样式，这时填充度对这些特效将不起作用，只有不透明度是对任何图层都起作用的。

03 使用曲线加深效果

有了混合模式的预处理后，再使用曲线调整就会非常轻松。在曲线上拉出一条 S 形的加深对比曲线，画面的对比效果得到加强。

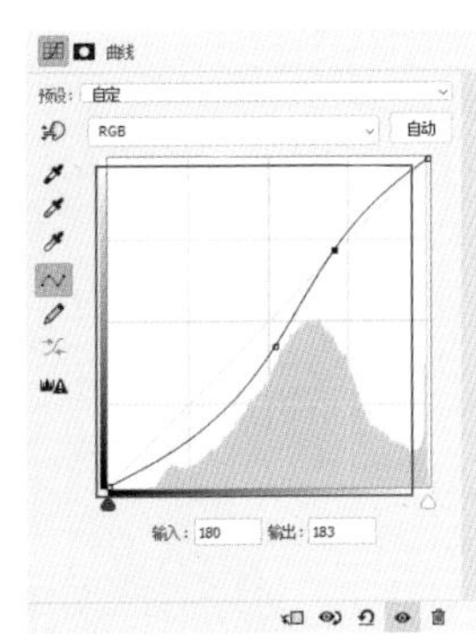

2. 使用滤色提亮画面

这是一张整体偏暗的照片，想要快速提亮画面可以使用混合模式中的滤色。

01 设置混合模式为滤色

新建一个曲线调整图层，设置混合模式为滤色，对画面进行提亮。

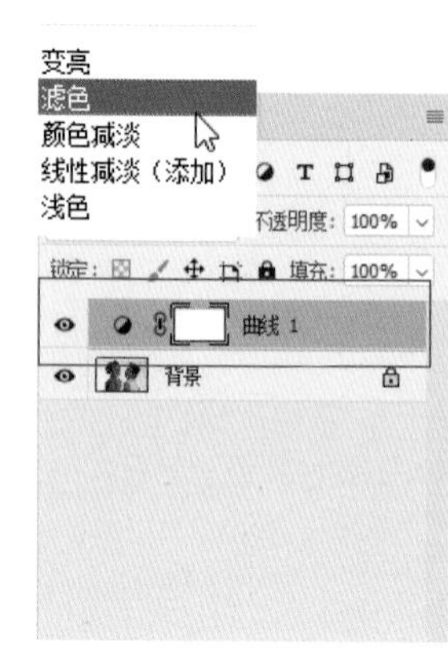

02 调整不透明度

调整不透明度为 80%，就可以减弱滤色效果的应用强度。

3. 使用柔光加强对比

针对对比度不足的画面，使用混合模式中的柔光，可以快速增加对比度。另外，柔光也会提升色彩饱和度。

新建曲线调整图层，设置混合模式为柔光，设置不透明度为 77%，完成对照片对比度的调整。

9.2 利用蒙版实现局部精修

Photoshop 中的蒙版可以与选区结合，实现更精细、更精准的局部调整。

9.2.1 蒙版的使用方法

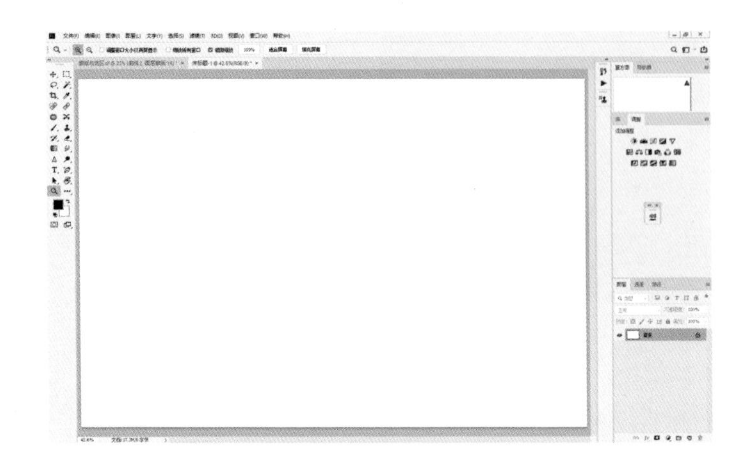

方法一

step 1 在 Photoshop 中打开一张白色图片。

step 2 单击“创建新的填充或调整图层”按钮，新建一个填充图层，设置填充颜色为蓝色，这样白色的图片就被填充为蓝色。

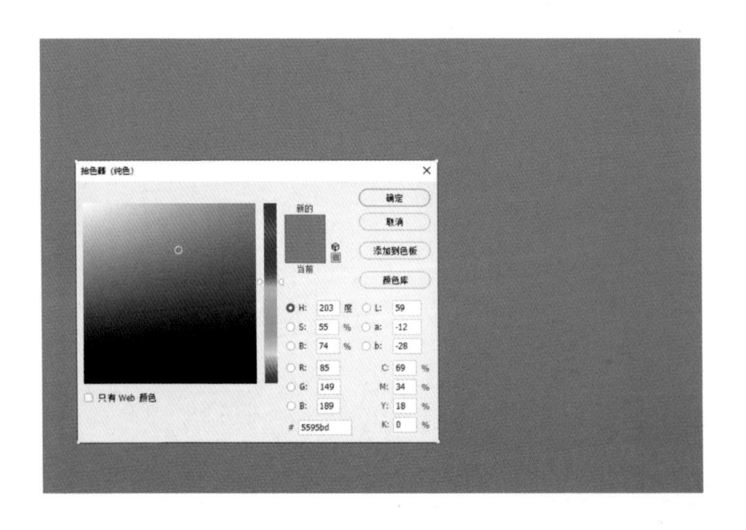

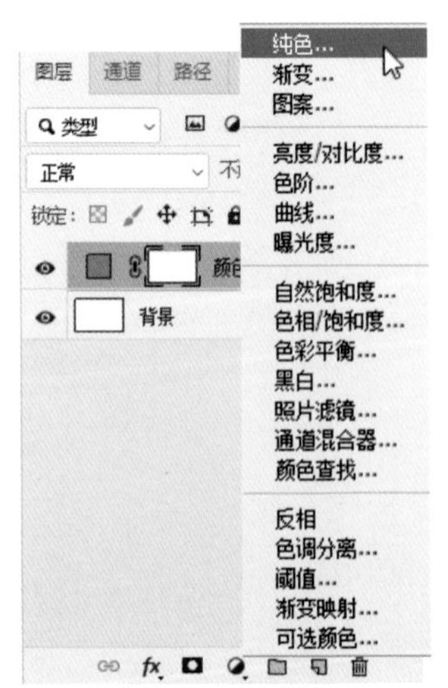

step 3 如果不想让所有的区域都变为蓝色，那么可以单击蓝色填充图层的蒙版项，然后单击工具栏中的画笔工具，设置前景色为黑色，接下来在不想填充蓝色的区域涂抹，就可以将该区域的颜色恢复为原本的白色。蒙版的原理是利用黑色遮挡住不想应用调整效果的区域。

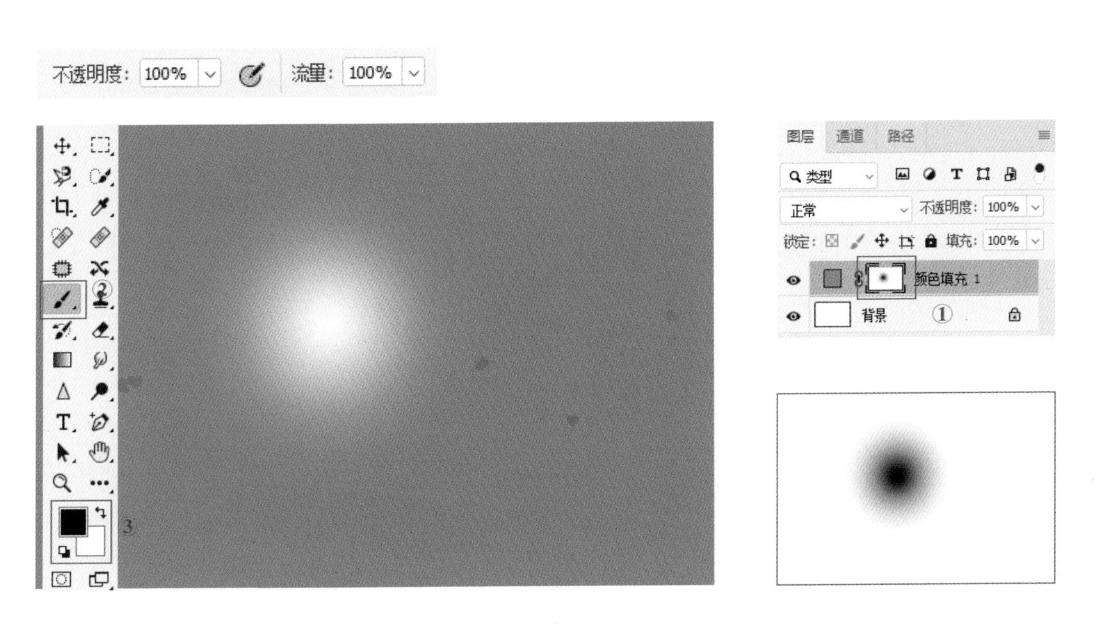

step 4 在使用调整画笔工具涂抹时，如果不想完全还原成白色，可以通过改变工具栏上的不透明度来控制还原的程度，例如设置不透明度为 50% 后，白色的还原效果就会柔和很多。

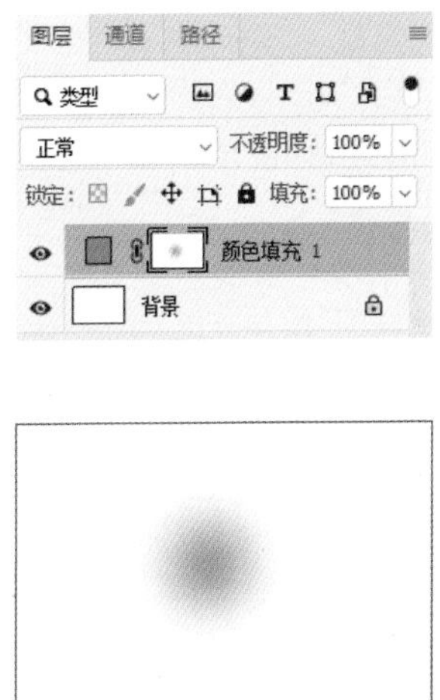

方法二

蒙版的另一种使用方法，是通过反选进行局部效果的应用。例如，不想让整个画面都变为蓝色，只想局部变蓝色，那么可以在新建蓝色调整图层后，选择蒙版项，然后按 Ctrl+I 组合键进行反选，这样画面效果依然为白色，此时的蒙版项变成了完全被遮挡的黑色。

单击黑色蒙版，使用画笔工具，设置前景色为白色，在想要更改为蓝色的区域涂抹，就可以实现局部变蓝的目的。

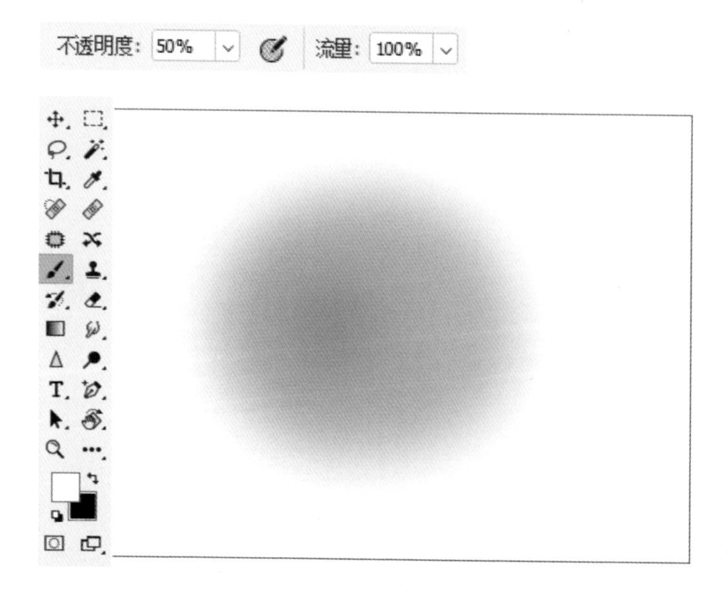

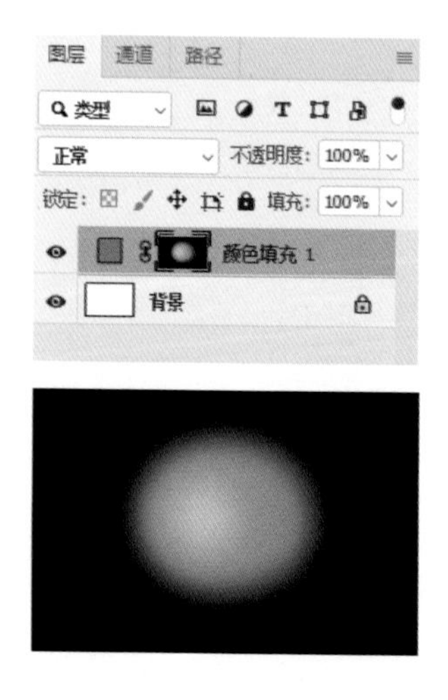

9.2.2 使用蒙版调整局部光影色彩

本小节将通过具体的案例，综合讲解如何通过新建多个图层蒙版来调整照片的局部光影色彩。

后期思路

① **使用渐变滤镜压暗背景**

在Camera Raw中使用渐变滤镜压暗背景。

② **借助蒙版调整局部光影色彩**

利用蒙版与调整画笔工具、套索工具、颜色范围的组合使用，调整照片的局部光影色彩。

在对照片进行调整前，先要学会分析画面存在的问题。这张照片的调整思路是要保证主体人物的亮度，压暗周边过亮的、容易干扰主体表现的元素。

确定好思路后，主要的操作分为两步：第一步是在Camera Raw中使用渐变工具压暗背景；第二步是在Photoshop中新建多个调整图层，利用蒙版来提亮人物的眼睛以及压暗画面的局部亮度。

01 使用渐变滤镜压暗背景

在Camera Raw中单击工具栏中的渐变滤镜工具，在右侧选项栏中减少曝光、压暗高光、减少白色，然后在背景中多次拖拉压暗背景。

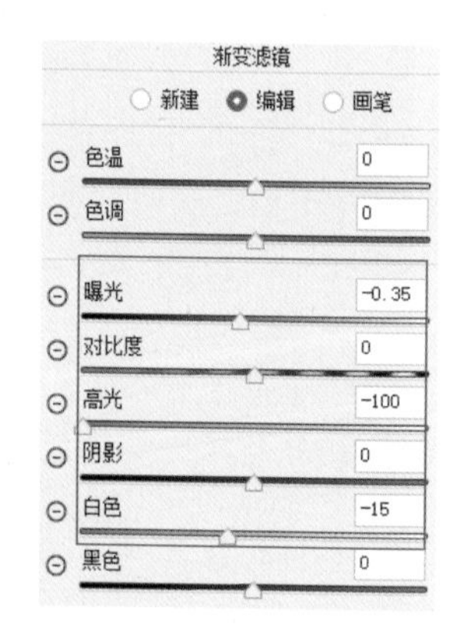

02 借助蒙版压暗局部背景

进入 Photoshop，新建“曲线 1”调整图层，设置混合模式为柔光，增加画面的明暗对比。然后根据画面效果调整不透明度，控制应用效果的强度，这里设置不透明度为 40%。

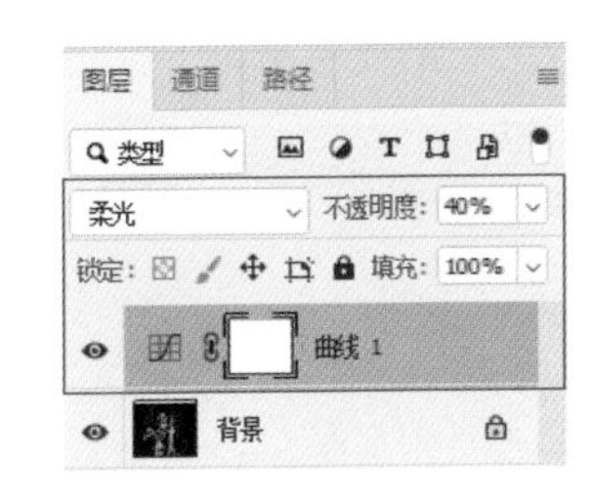

尽管调整了不透明度，画面中有些地方看起来还是有些过黑，这就需要借助蒙版进行擦除。单击“曲线 1”图层的蒙版项，单击工具箱中的调整画笔工具，设置不透明度为 50%、前景色为黑色，然后在过黑的位置进行涂抹，这样这些区域就不会应用或者部分应用上一步的柔光效果。

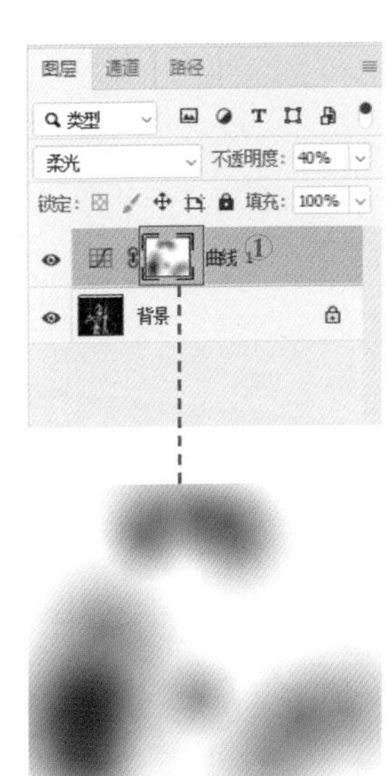

03 使用蒙版结合套索工具选区调整局部明暗

step 1 除了使用画笔工具手动涂抹蒙版以外，还可以使用套索工具对调整区域创建选区，快速建立蒙版。以较亮的裤子区域为例，单击工具栏中的套索工具，在人物的膝盖部分圈出一个虚线框。

step 2 新建“曲线 2”调整图层，这时曲线后的蒙版项整体是黑色的，而选区的虚线框区域是白色的，这样被黑色遮挡的区域就不会应用效果。接下来，在曲线的属性框中，增加锚点，向下拖动，这样就只针对选区的区域（裤子）进行压暗。

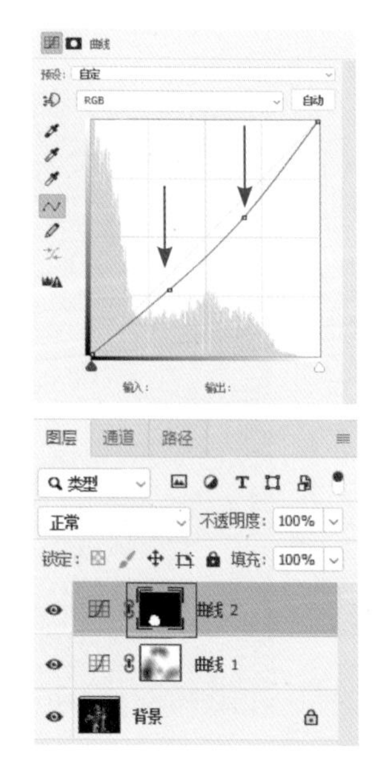

step 3 套索工具特别适合调整范围较小的区域，例如人物的眼睛和牙齿等。使用套索工具在眼睛四周画出虚线选区，然后新建“曲线3”调整图层， 在曲线的属性框中增加锚点向上提拉，就可以提亮选区内（眼睛）的亮度。

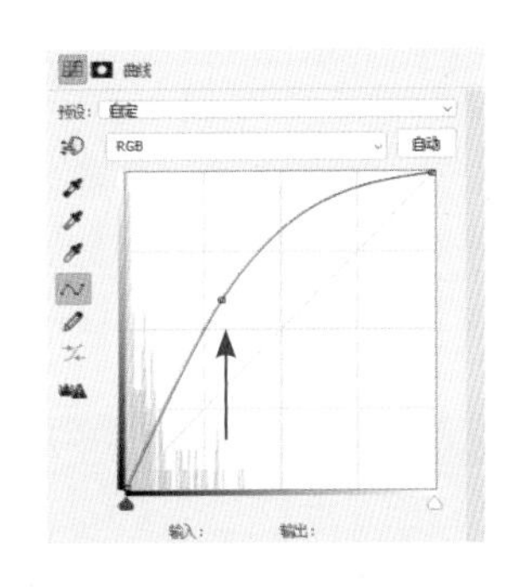

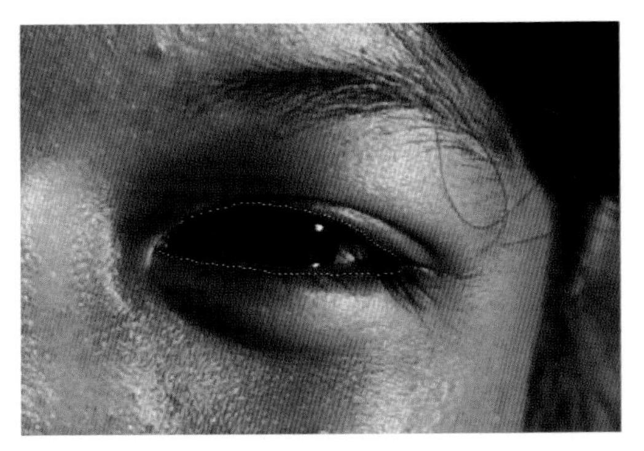

调整前

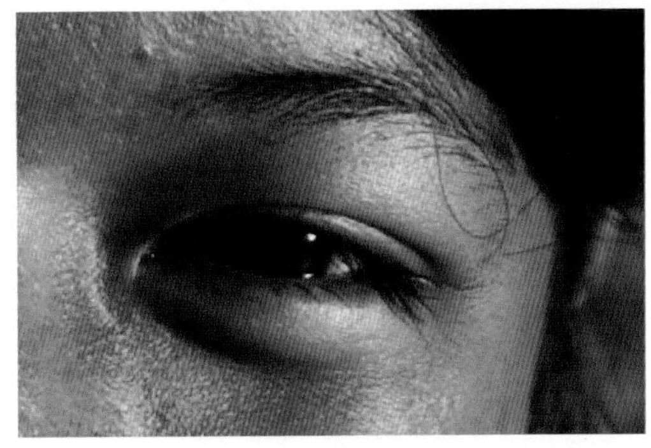

调整后

step 4 整体提亮眼睛后，眼睛内框区域看起来仍然有些偏黑，再次使用套索工具在较黑的内框区域画出虚线选区，然后新建“曲线4”调整图层，在属性框中增加锚点对选区位置进行提亮。

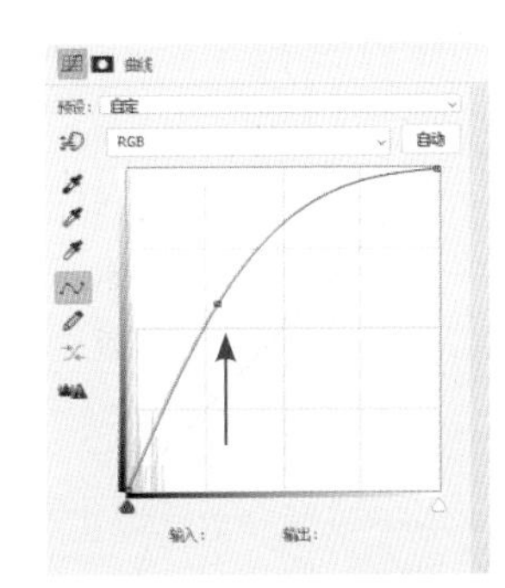

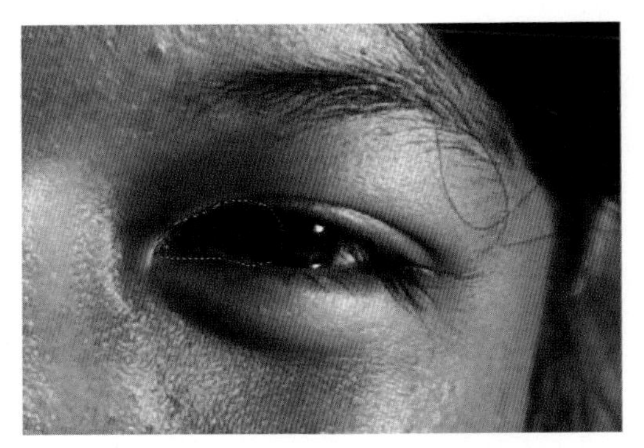

调整前

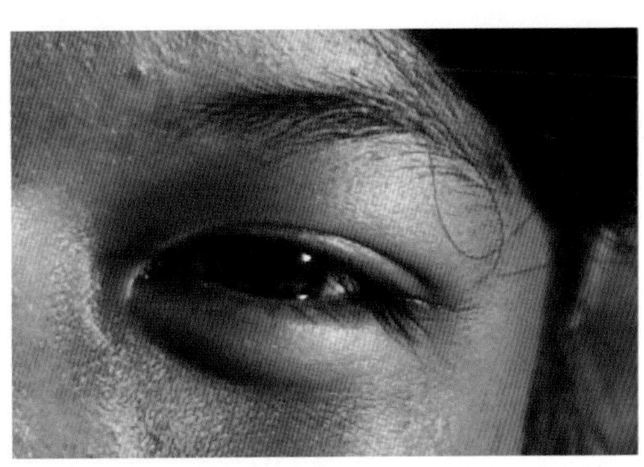

调整后

04 蒙版结合颜色范围选区调整局部明暗

下面介绍另一种好用的选区方法——颜色范围选区。新建“曲线 5”调整图层，双击蒙版项，在蒙版属性框中单击“颜色范围”，然后在取样颜色模式下，在画面中想要调整的区域单击鼠标左键，就可以选取大致相同的亮度区域，想要将区域控制得更精准，可以拖动颜色容差进行更改。

选区完成后，在曲线属性框中，新建两个锚点向下拖拉，就可以对选区区域进行压暗。

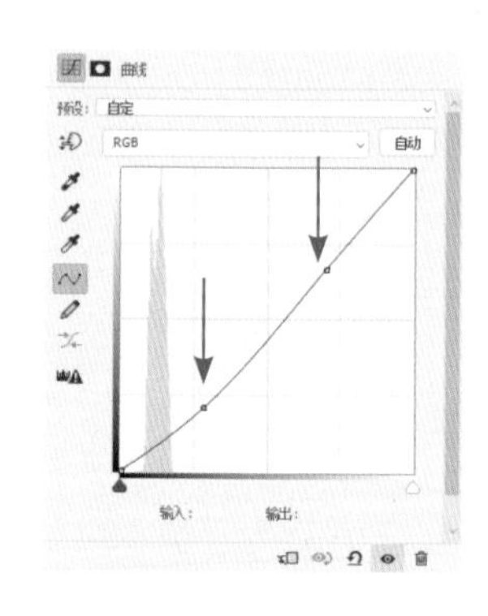

05 蒙版结合套索工具选区调整局部色彩

调整完照片的明暗结构后，接下来要弱化一些较为抢眼的色彩，例如裤子、背景的小包和绿色的篮子。使用套索工具选取裤子区域，然后新建“曲线6”调整图层。

step 1 在曲线属性框中，选择红色通道，增加锚点并向下拖拉减少红色；选择绿色通道，增加锚点并向下拖拉减少绿色；选择蓝色通道，增加锚点并向上提拉增加蓝色、减少黄色。这样就弱化了裤子的色彩效果，减少了其对主体人物的干扰。

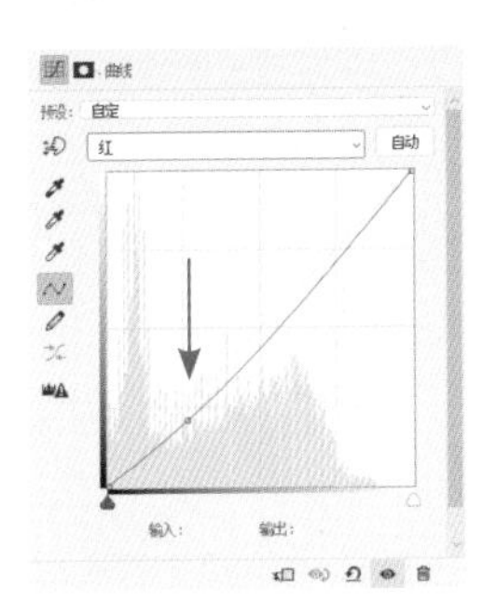

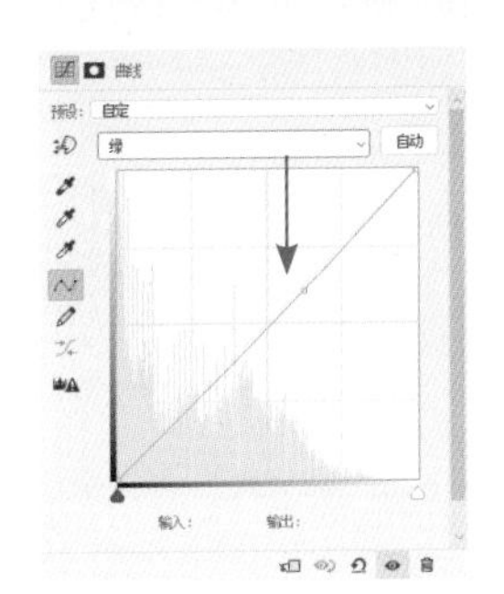

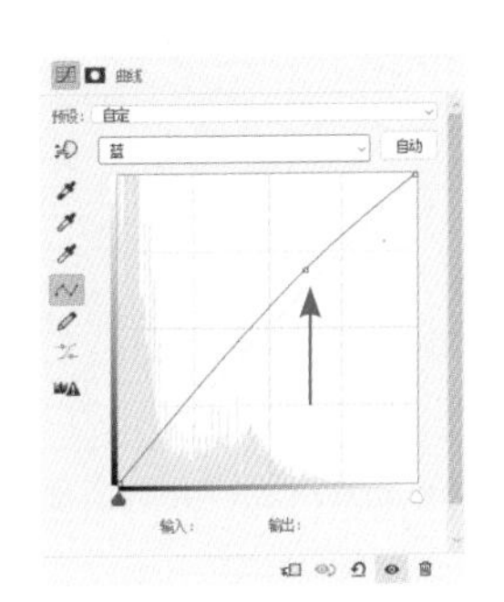

step 2 继续使用套索工具选取绿色篮子区域，新建“曲线 7”调整图层。

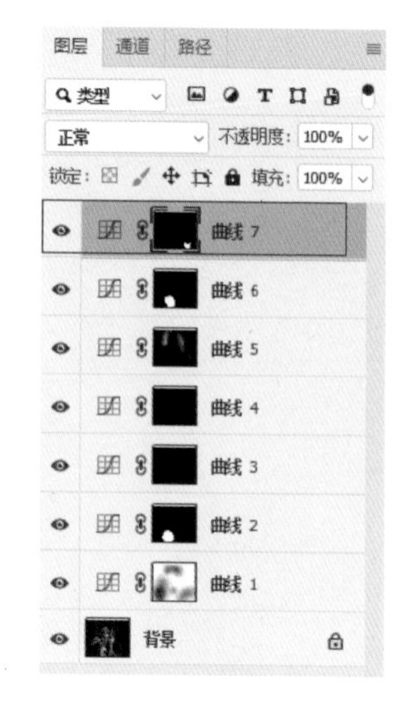

在曲线属性框中，选择绿色通道，增加锚点并向下拖拉减少绿色。

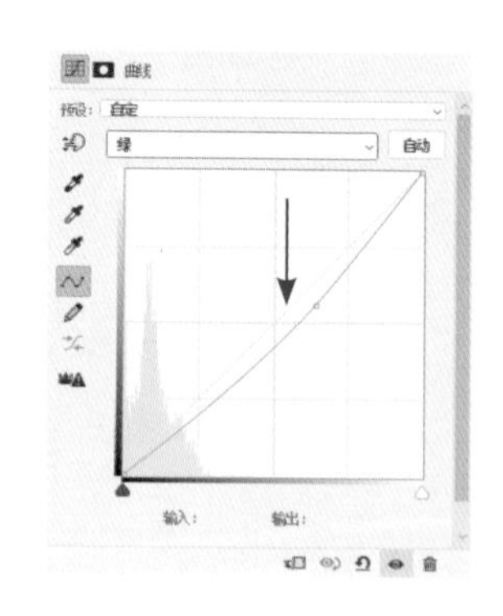

step 3 最后来调整人物身后的小包，使用套索工具选取小包区域，然后新建一个色相 / 饱和度调整图层。

在色相 / 饱和度属性框中，选择黄色，改变色相、减少饱和度、增加明度，完成对小包的色彩弱化处理 。在调色工具的使用上，并没有绝对的标准，要活学活用，以达到调整效果为准。

9.2.3 使用蒙版置换背景天空

本小节学习如何借助蒙版，使用云霞素材替换单调的背景天空。

后期思路

① **对天空创建选区**

使用魔棒工具对天空创建选区，并新建图层保存选区。

② **调整素材覆盖原有天空**

调整素材的尺寸大小和角度，将原有天空区域覆盖。

③ **借助蒙版替换天空**

提取天空选区，利用蒙版替换背景天空。

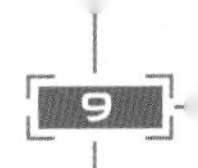

01 对天空创建选区

按 Ctrl+J 组合键复制背景图层，新建“图层 1”，单击工具箱中的魔棒工具，按住 Shift 键多次单击天空区域，将所有天空选区（按住 Alt 键可以减去选区），然后再次按 Ctrl+J 组合键复制得到“图层 2”，“图层 2”的作用是保存对天空的选区。

02 将素材覆盖原有天空

将用于替换的天空素材拖至图片上方，拖拉素材的边框调整大小尺寸，让素材覆盖原来的天空。要注意原本素材有一部分阳光闪耀的区域，因此在改变素材大小时，要让这一区域与原图中的阳光区域重叠，这样最终的合成效果才会更加真实。另外，由于照片下方的沙漠不是水平的，因此接下来需要调整素材的方向，让覆盖效果更加贴合。

移动光标至素材边缘，当出现弧形的双箭头时，拖动照片就可以旋转改变素材的角度。

03 借助蒙版替换背景天空

选择“图层 2”，按住 Ctrl 键，单击“图层 2”的缩览图，提取天空选区。

选择“图层 3”素材图层，单击下方的添加图层蒙版，这样就实现了背景天空的置换。

04 增加对比效果

新建一个“曲线 1”调整图层，设置混合模式为柔光，然后将不透明度调整为 61%，减弱调整强度，这样就完成了一张霞光满天的沙漠驼影照片。

9.2.4 使用蒙版制作动感画面

制作动感画面的方法是应用动感模糊效果，然后借助蒙版来控制动感模糊的区域。

后期思路

① **添加蒙版创建选区**

添加蒙版，在蒙版属性中选择“颜色范围”创建选区。

② **应用动感模糊效果**

应用动感模糊制作动感效果。

01 添加蒙版创建选区

按 Ctrl+J 组合键复制背景图层，得到“图层 1”，单击“添加图层蒙版”按钮，为图层增加蒙版。单击蒙版，在蒙版属性框中单击“颜色范围”，然后在色彩范围对话框中选择取样颜色，接下来就可以在画面中单击选择应用蒙版的区域，这样颜色相近的区域就会被选中。可以通过调整颜色容差来进一步控制蒙版的应用范围。

02 应用动感模糊

单击“图层 1”的缩览图，然后单击选择菜单栏中的滤镜 > 模糊 > 动感模糊，在动感模糊对话框中设置模糊的角度（9 度）和程度（距离 78 像素），这样蒙版以外的区域就完全应用了动感模糊的效果，而蒙版遮挡区域则应用了很小的模糊效果。

第 10 章

人像修形：精细磨皮和液化塑形

本章重点学习两种磨皮方法，一种是高斯模糊 + 高反差磨皮，另一种是利用通道磨皮。另外，还会介绍如何使用 Photoshop 中的液化功能进行美体塑形。

10.1 保留质感的人像磨皮

本节将以前面在 Camera Raw 中调整完的人像照片为例，为照片中的人物做进一步的皮肤美化处理，实现保留质感的人像磨皮。

后期思路

① 修复细纹和细小斑点

使用污点修复画笔工具和修补工具去除脸部细纹和斑点。

② 高反差+高斯模糊磨皮

使用高反差+高斯模糊实现保留质感的皮肤磨皮。

01 修复细纹和细小斑点

分析照片，在经过 Camera Raw 的处理后仍然存在一些细节上的问题，例如人物脸部有皱纹，皮肤不够质感通透，下面逐一进行调整。首先，复制背景图层，得到“背景拷贝”图层。

分别使用工具箱中的污点修复画笔工具和修补工具去除人物脸部的细纹和细小斑点。使用污点修复画笔工具时，在工具栏中设置修补选项为正常，类型选择“内容识别”，并勾选“对所有图层取样”，然后就可以调整画笔工具的大小，涂抹细纹进行去除。

使用修补工具时，在工具栏中设置修补选项为正常，选择“源”，然后用修补工具圈出要去除的区域，并拖动圈出区域在画面中选择取样区域，再进行修复去除。

02 设置高反差保留

再次复制图层，得到“背景 拷贝 拷贝”图层，按 Ctrl+I 组合键对图层进行反选。

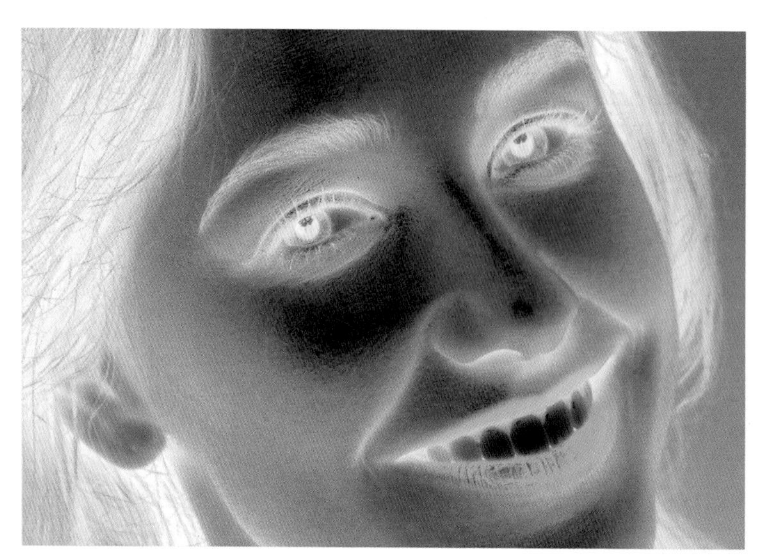

将图层混合模式改为亮光。

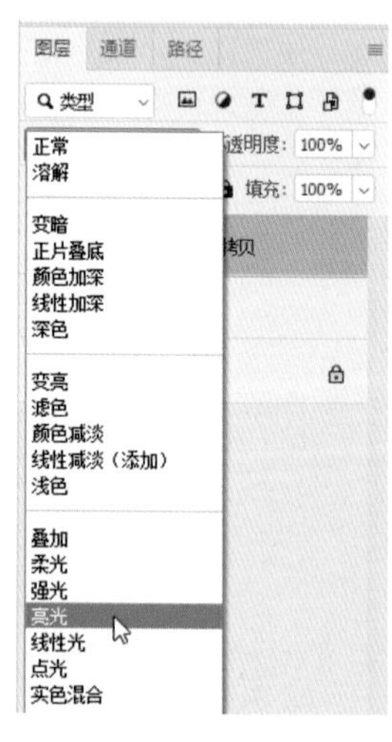

单击选择菜单栏中的滤镜 > 其他 > 高反差保留，在弹出的“高反差保留”对话框中，设置半径为 23.5，设置数值时，以刚好消除痘痕、斑点和细纹为准。

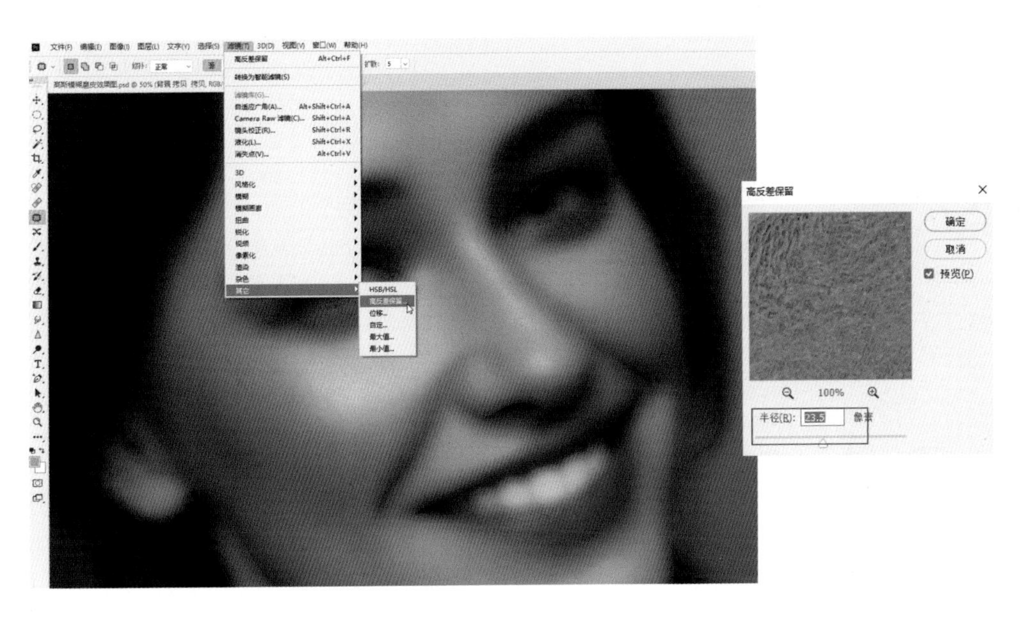

03 应用高斯模糊

单击选择菜单栏中的滤镜 > 模糊 > 高斯模糊，在弹出的“高斯模糊”对话框中，设置半径为 2.7，设置数值时，以能稍微看清一些人物的细节为准。

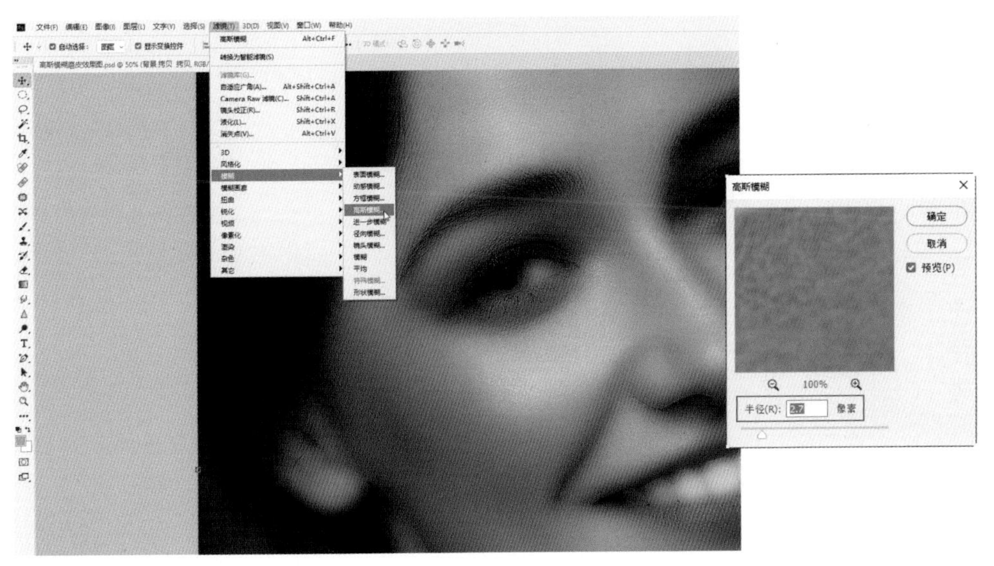

选择"背景 拷贝 拷贝"图层，按住 Alt 键单击下方的添加图层蒙版按钮，为该图层添加一个黑色蒙版，然后单击工具箱中的画笔工具，设置前景色为白色、不透明度为 30%，在人物皮肤位置多次涂抹，实现质感柔肤的目的，涂抹时应避开人物的五官，如果不小心涂抹到，可以将前景色改为黑色，重新涂回来。

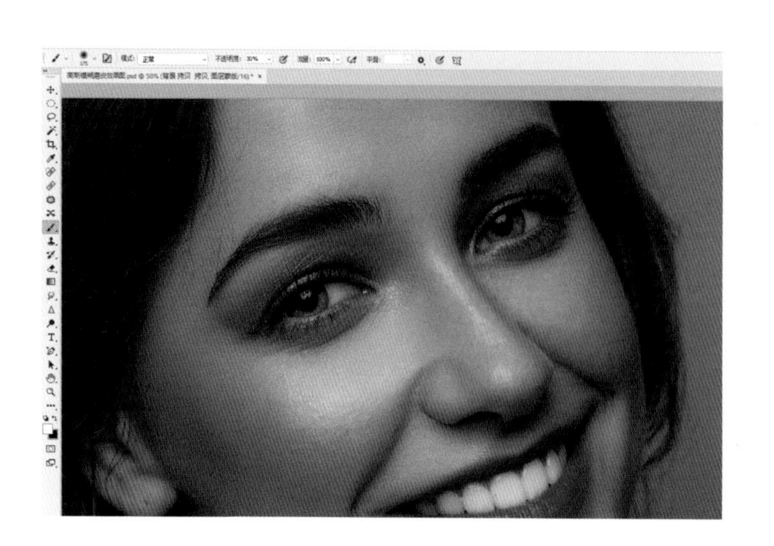

04 增加对比度

新建"曲线 1"调整图层，设置混合模式为柔光，不透明度为 41%，加强画面的对比效果。

10.2 液化塑形+通道磨皮

本节来学习如何使用液化功能对人物形体塑形，以及如何使用通道进行磨皮。

后期思路

① **液化塑形**

使用滤镜中的液化工具对人物的肢体以及面部进行美化。

② **使用通道计算磨皮**

使用通道计算提取暗部瑕疵，然后通过提亮瑕疵对其进行去除。

01 在Camera Raw中调整曝光

在 Camera Raw 中拖动“色温”“色调”滑块，校准白平衡。在“基本”面板中调整基础曝光，提亮人物脸部；在“HSL 调整”面板中，选择明亮度选项卡，向右拖动“橙色”滑块，提亮人物肤色。

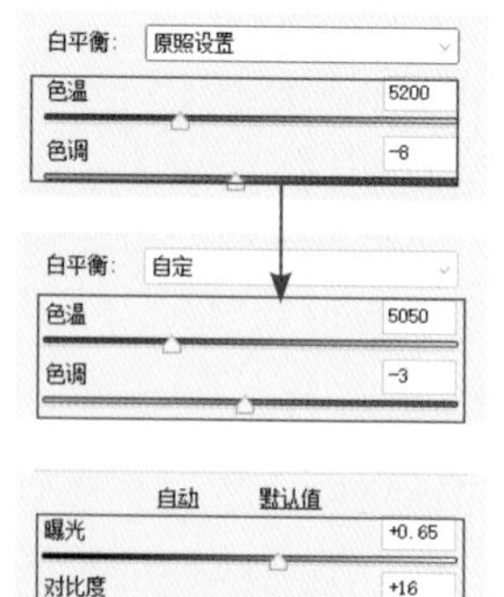

02 去除脸部杂斑和污点

单击污点去除工具，设置类型为“修复”，去除人物脸部的杂斑污点。Camera Raw 中的污点去除适合一些较好处理的皮肤，由于例图中的人物脸部皮肤并不是很理想，因此这里只做简单的去痘痕处理，细致的操作需要进入 Photoshop 中进行。

进入 Photoshop 后，新建“图层 1”调整图层，分别使用污点修复画笔工具和修复工具对痘痕和污点做进一步的处理。

03 新建液化智能对象图层

复制“图层 1”，新建“图层 1 拷贝”图层，右键单击该图层，在弹出的菜单中选择“转换为智能对象”，然后单击选择菜单栏中的滤镜 > 液化，先对人物的肢体进行美化。智能对象的优点是在应用滤镜效果后，可以随时重新回到滤镜调整对话框中进行更改操作。

04 对人物肢体进行液化

进入液化界面后，先要分析哪些位置需要进行液化处理。在这张照片中，需要液化的区域包括人物的头发（过于蓬松）、肩膀（看起来显宽）、腰部（收腰会显苗条）、胳膊肘（过长）。

明确要调整的区域后，单击向前变形工具，控制画笔工具的大小，尽量用较大的半径来进行液化处理，这样不容易出现不平滑、参差不齐的情况。在液化的过程中，要不断地放大和缩小照片进行查看，既要注重局部细节的调整，也要把握整体的画面效果。

调整前

调整后

在液化过程中，当离人物很近的区域有其他物体时，很容易出现误液化的情况。右图中在对人物进行液化瘦腰时，影响到了白色的窗格，结果导致了窗格的变形。

为避免液化人物时影响到周边的物体，可以使用冻结蒙版工具对不想液化的区域进行涂抹，实现蒙版遮挡。

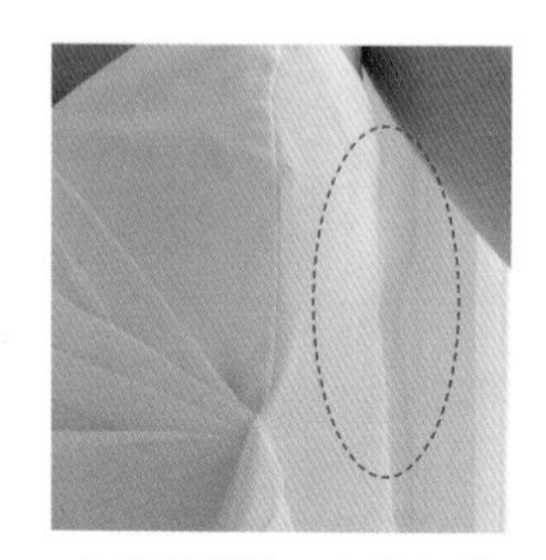

未使用蒙版，出现变形

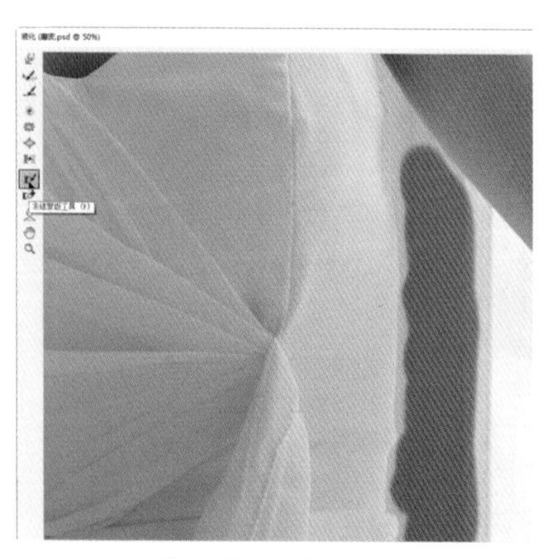

使用蒙版涂抹窗格

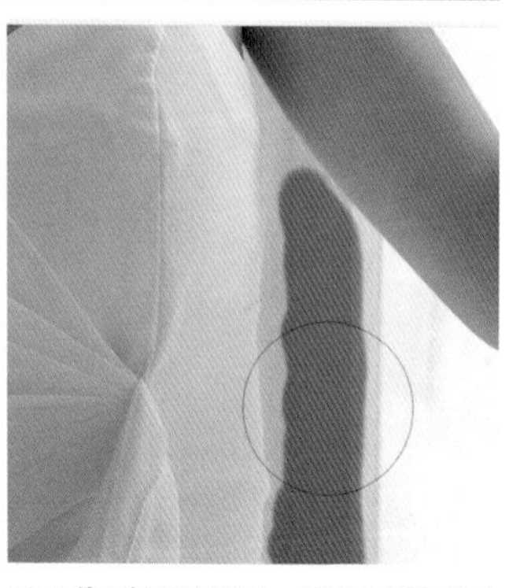

对人物腰部液化时，窗格不受影响

使用冻结蒙版工具对白色窗格涂抹后，再对人物进行液化时，将不会影响到涂抹区域。

05 对人物五官进行美化

在右侧属性栏中，使用人脸识别液化，可以对人物的眼睛、鼻子、嘴唇和脸部形状进行美化处理，调整的幅度不宜过大，过大的变形会导致人物脸部失真。

调整前

调整后

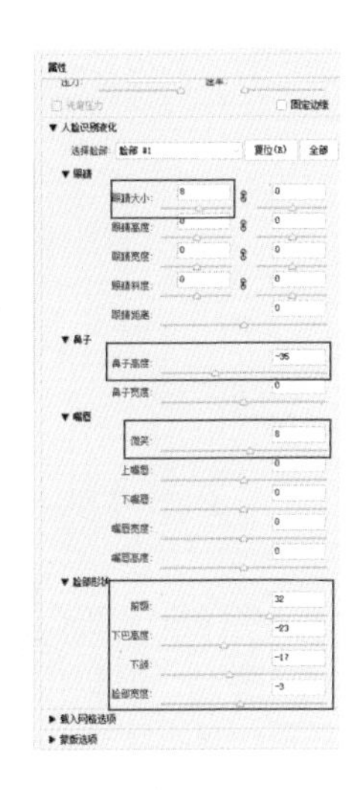

06 复制蓝色通道，应用高反差保留

新建“图层 2”，右键单击通道中的蓝色通道，在弹出的菜单中选择“复制通道”，得到“蓝拷贝”通道。单击选择菜单栏中的滤镜 > 其他 > 高反差保留。

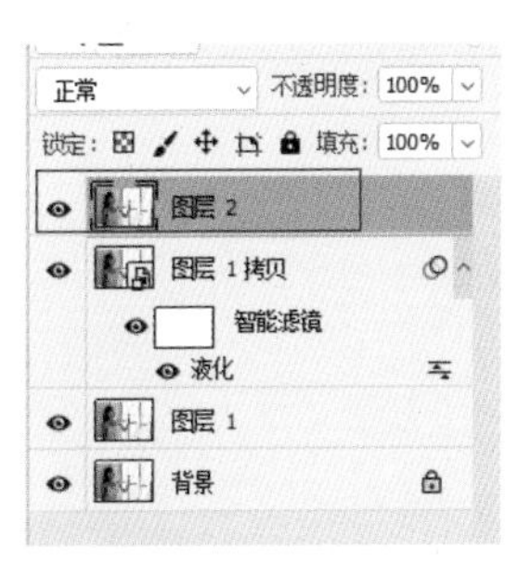

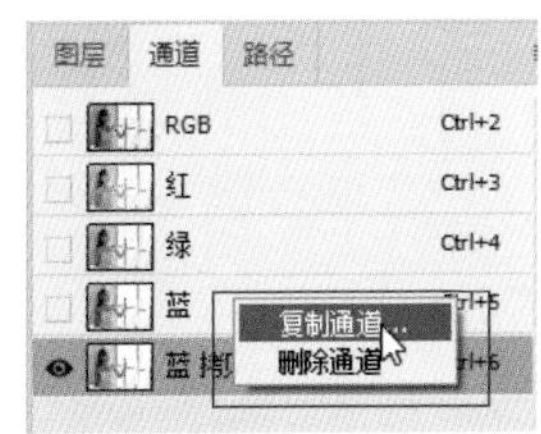

在“高反差保留”对话框中，设置半径值为30.4，这个数值不是固定的，要结合画面确定，以清晰看到人物的轮廓为准。

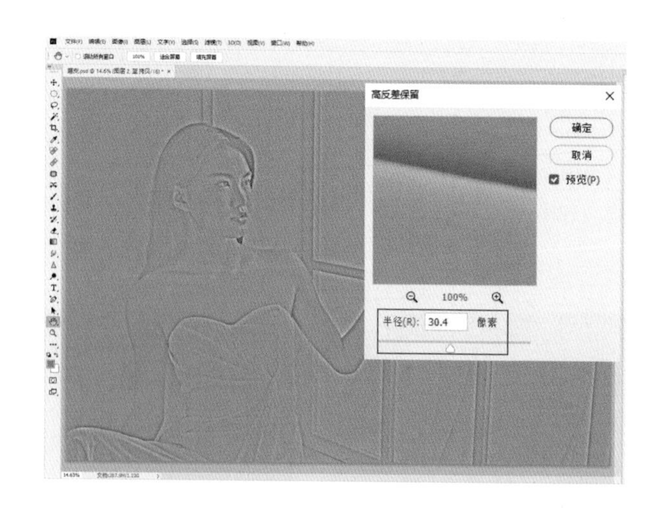

07 应用计算，提取面部瑕疵

单击通道中的“蓝 拷贝”通道，然后单击选择菜单栏中的图像 > 计算，在弹出的“计算”对话框中，将源1、源2通道设置为蓝拷贝，混合模式设置为柔光，单击确定后会生成“Alpha1”通道。单击选择“Alpha1”通道，继续使用计算命令，将源1、源2的通道设置为Alpha1，单击确定后生成“Alpha2”通道，这样通过两次计算就将人物脸部的瑕疵分离出来了。

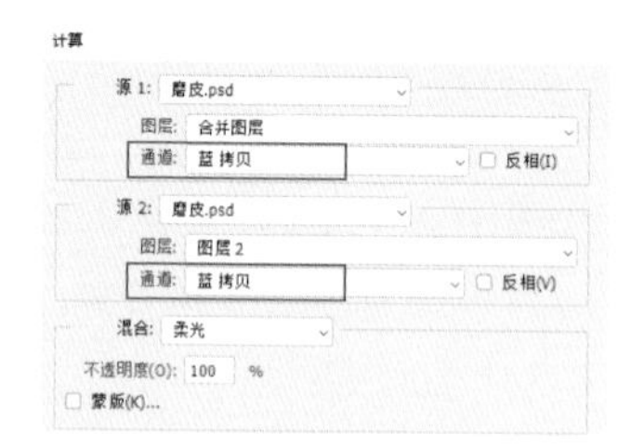

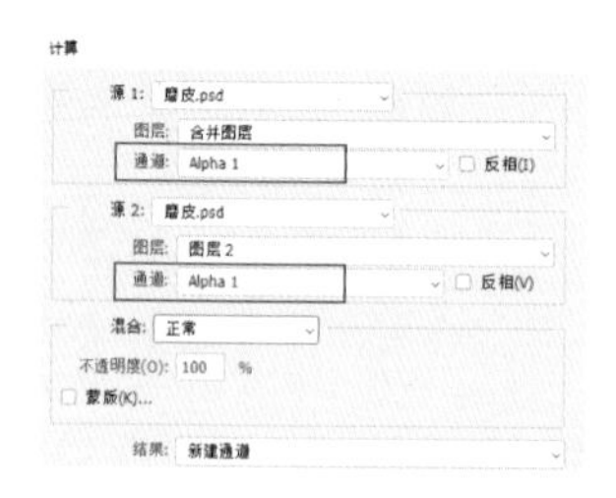

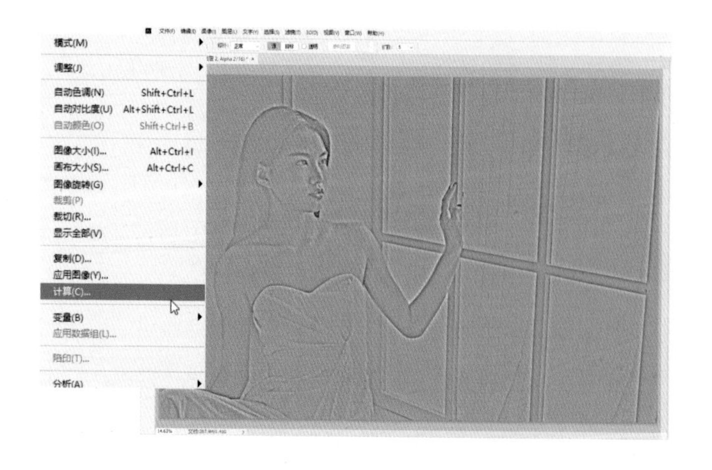

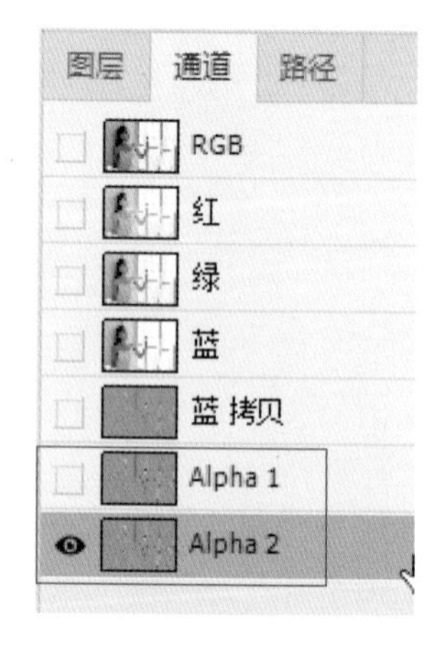

按住 Ctrl 键，单击“Alpha2”通道，选取高光区域，然后按 Ctrl+Shift+I 组合键进行反选，这样就针对暗部瑕疵建立了选区。

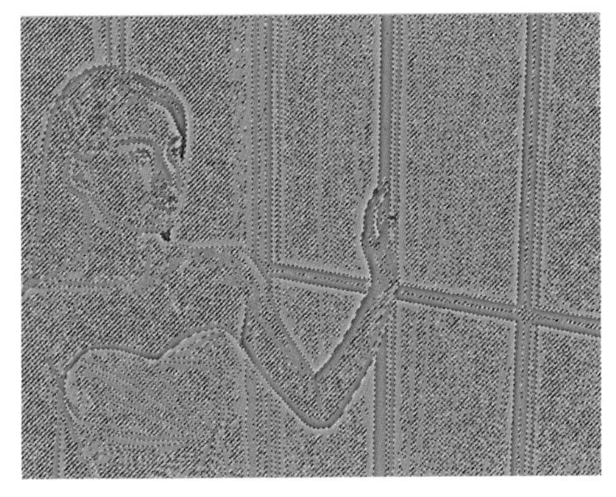

单击“RGB”通道，回到图片正常显示状态。

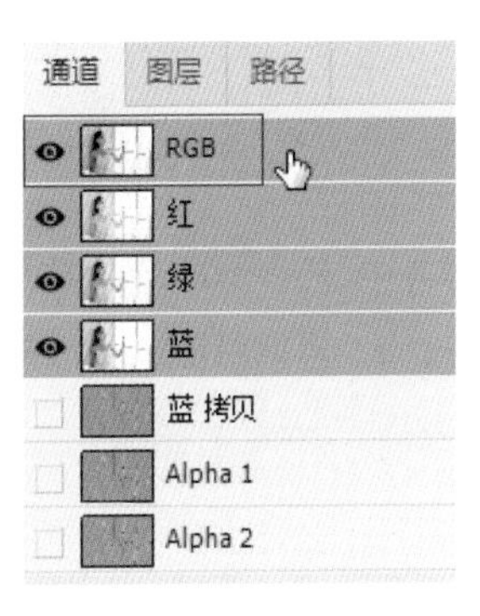

新建“曲线 1”调整图层，这样上一步的暗部瑕疵选区就会保留在“曲线 1”的蒙版上。

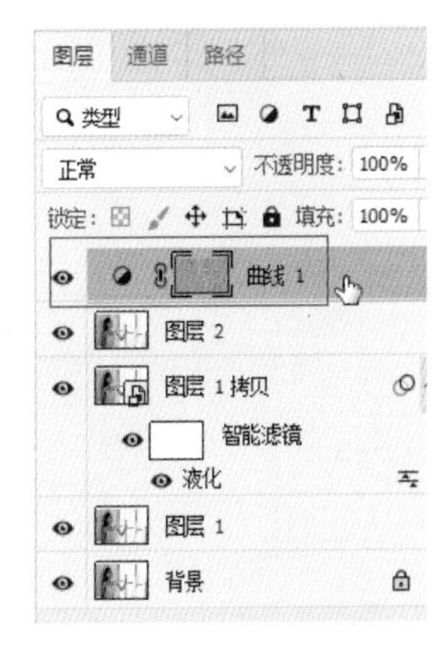

08 提亮脸部瑕疵

在曲线上添加两个锚点，分别向上提拉进行提亮，由于蒙版上的选区针对的是暗部瑕疵，因此提亮将只针对人物脸部的瑕疵。

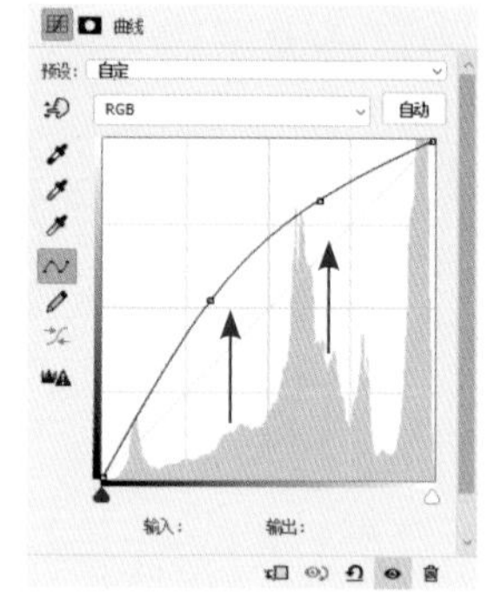

09 加深对比度

新建“曲线 2”调整图层，设置混合模式为柔光、不透明度为 42%，以增加画面的明暗对比。同时在曲线上添加两个锚点，分别向上提亮亮部、向下压暗暗部，加强对比效果。

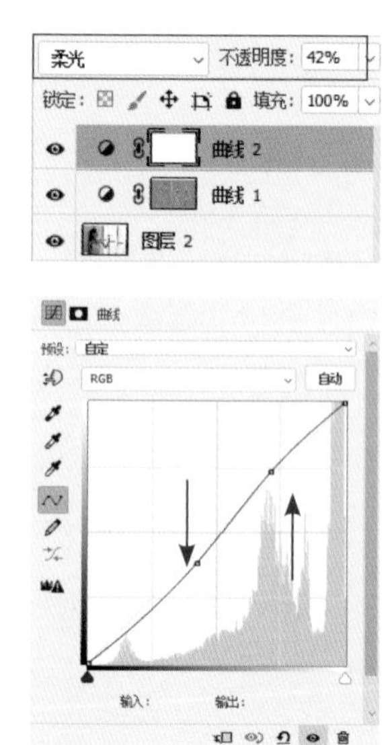

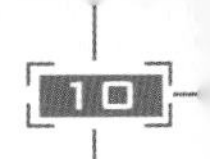

10 使用色阶提亮肤色

分析调整后的画面，人物的肤色整体有些偏暗，需要提亮。新建“色阶 1”调整图层，向左拖动“灰色”“白色”滑块提亮画面，调整不透明度至 63%，减少效果的应用强度。由于画面右侧的高光是不需要提亮的，因此单击“色阶 1”图层的蒙版项，然后单击工具箱中的渐变工具，设置不透明度为 30%，使用径向渐变在右侧高亮区域多次拉渐变，还原细节。

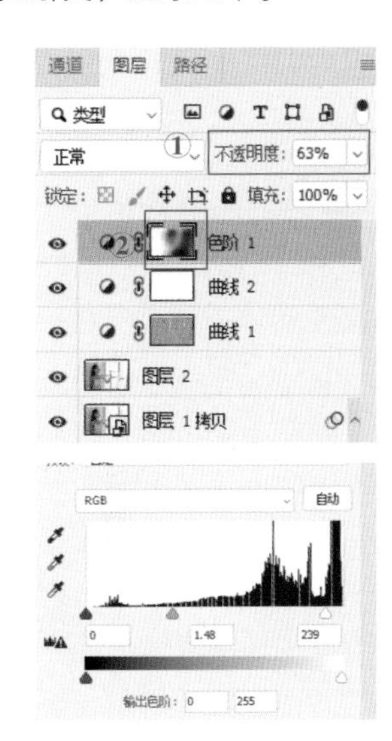

11 继续加深明暗对比

整体提亮画面后会带来对比度的不足，因此需要再次增加画面的对比度。新建“曲线 3”调整图层，设置混合模式为柔光，不透明度为 37%，增加画面的明暗对比。

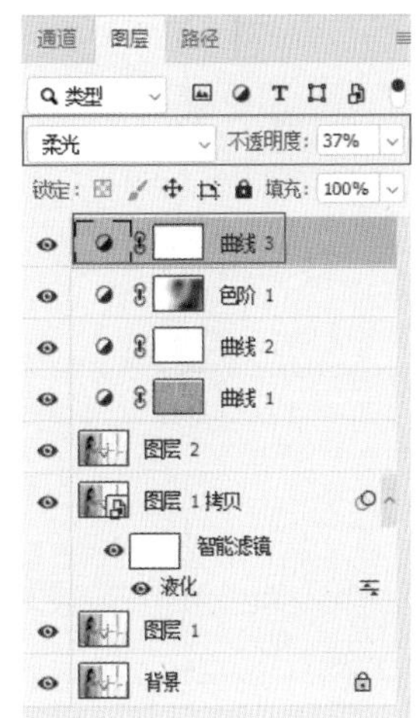

第 11 章 完整修片流程的综合案例

本章以常见的风光、人像和人文照片为例，详细梳理一张照片从 Camera Raw 到 Photoshop 中的完整修片流程，以帮助摄影爱好者更加系统地理解修片的思路。

11.1 制作烟雾缭绕的画意风光

扫码看视频

烟雾缭绕可以为画面增添画意，本节来学习如何增加烟雾来强化、突出照片的画意氛围。

后期思路

① 在Camera Raw中的预调整

在Camera Raw中的操作主要涉及裁剪构图、改变色调、增加雾化效果、锐化和减少杂色，以及使用渐变滤镜、径向滤镜实现局部调整。

② 在Photoshop中的优化调整

在Photoshop中，将针对局部区域增加对比度、改变照片的色调效果， 以及为照片添加边框和文字。

首先，在 Camera Raw 中打开例图进行调整。

01 裁剪为宽幅效果

单击工具栏上的裁剪工具，选择“正常”，不按比例裁剪为宽幅效果。

正常
1 : 1
2 : 3
3 : 4
4 : 5
5 : 7
9 : 16
自定...
限制为与图像相关
显示叠加

02 调整基础曝光、改变色温色调

step 1 在“基本”面板中，增加曝光值、定义黑白场（减少白色和黑色）、增加对比度、压暗高光、提亮阴影，完成基础曝光调整。

step 2 增加去除薄雾的数值，为画面去灰；少量增加自然饱和度，提高鲜艳度 。

step 3 向右拖动“色温”“色调”滑块，使画面偏向暖橙色调。

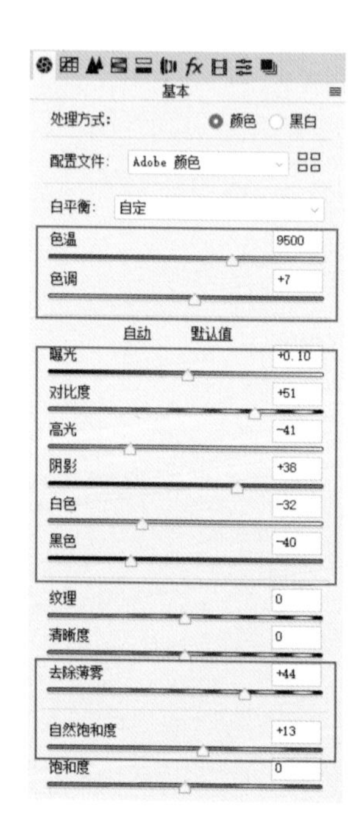

03 在“色调曲线”面板中加强对比

在“色调曲线”面板中，向右水平拖拉左下角的暗部端点至有像素显示的边缘位置，压暗暗部；在中间亮度区域增加锚点，向下拖拉，压暗中间亮度区域；在亮部区域增加锚点，避免亮部被压暗。

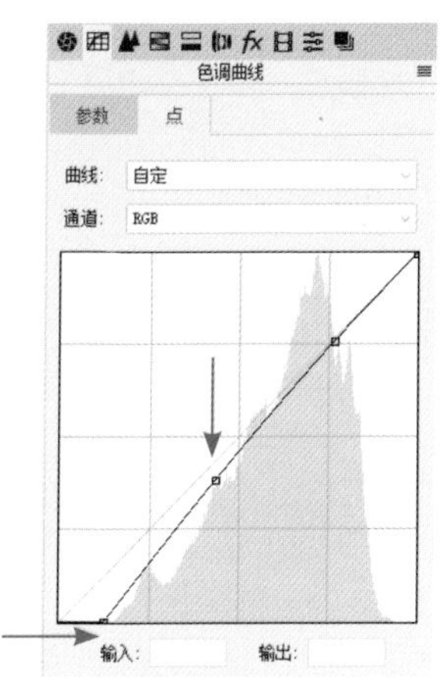

04 使用分离色调制作冷暖效果

在“分离色调”面板中，分别拖动高光和阴影的“色相”滑块至蓝色区域，增加饱和度，使画面呈现出冷暖色对比的效果。

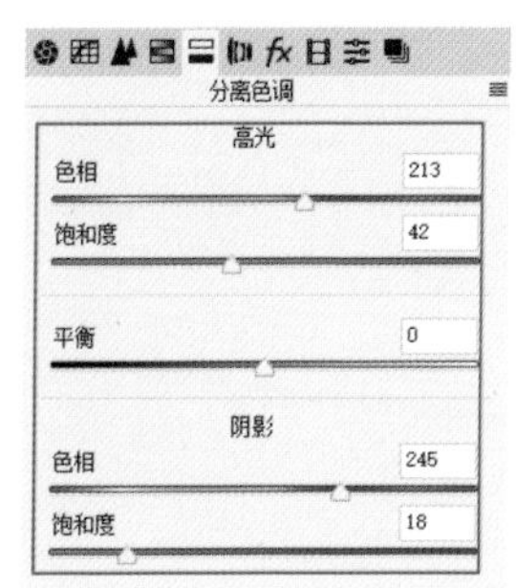

05 删除色差、去除暗角

在“镜头校正”面板中勾选“删除色差”“启用配置文件校正”复选框。在校正量选项中，向左拖动扭曲度至0，不做畸变校正；向右拖动晕影至200，最大限度地去除暗角。

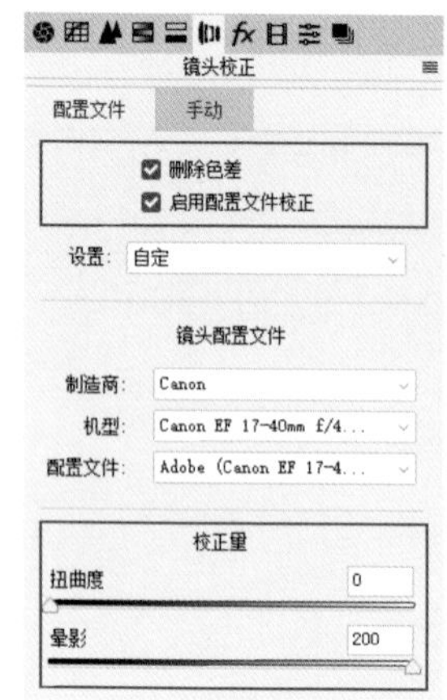

06 增加雾化效果

在裁剪后晕影选项中，向右拖动“数量”滑块，提高雾化程度；向左拖动“中点”，减少暗角范围；向右拖动“羽化”滑块，使雾化和非雾化区域的过渡更加自然。

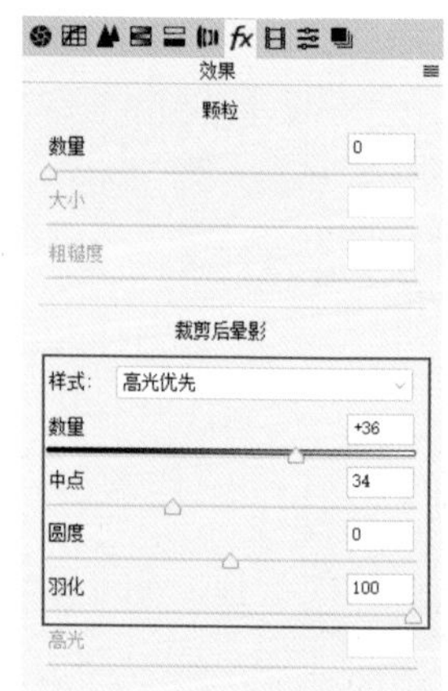

07 锐化和减少杂色

在锐化选项中，保持半径和细节不变，增加数量值，然后按住Alt键，向右拖动“蒙版”滑块，有选择地部分应用锐化效果；在减少杂色选项中，向右小幅拖动“明亮度”“明亮度对比”滑块，去除杂色。

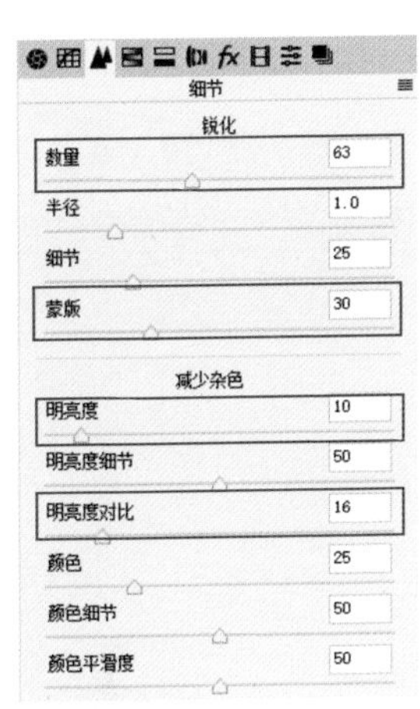

08 使用渐变滤镜强化局部对比度

整体增加对比度会丢失画面的柔美效果，为了能够既增加画面的对比度效果，同时也保留云雾的柔美效果，接下来使用渐变滤镜来增加局部区域的对比度。单击工具栏中的渐变滤镜，在右侧选项栏中增加对比度、白色和黑色数值，减少高光和阴影数值，少量增加去除薄雾的数值，然后从画面的右上角向左下角拉渐变，完成局部对比度的增加。

渐变滤镜
新建 编辑 画笔
色温 0
色调 0
曝光 0.00
对比度 +32
高光 -39
阴影 -4
白色 +13
黑色 +16
纹理 0
清晰度 0
去除薄雾 +6
饱和度 0

09 使用径向滤镜增加局部雾化效果

分析画面可以看出，上方中间位置的树木区域与周边区域不够融合，看起来有些突兀。可以使用径向滤镜对该区域进行雾化处理，使其与周边区域融合一致。单击工具栏中的径向滤镜，在右侧选项栏中，增加曝光、微调白色和黑色、减少对比度、增加高光和阴影、减少去除薄雾，然后在要应用雾化的区域拖曳出椭圆形，完成局部雾化处理。

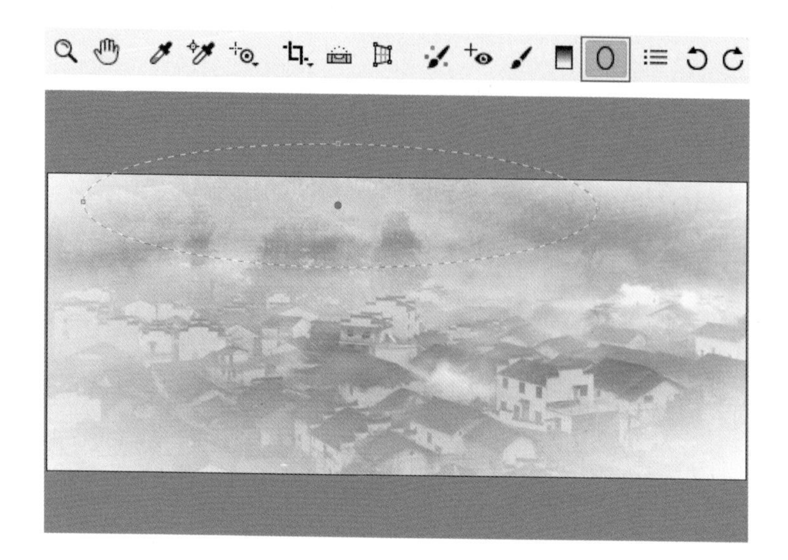

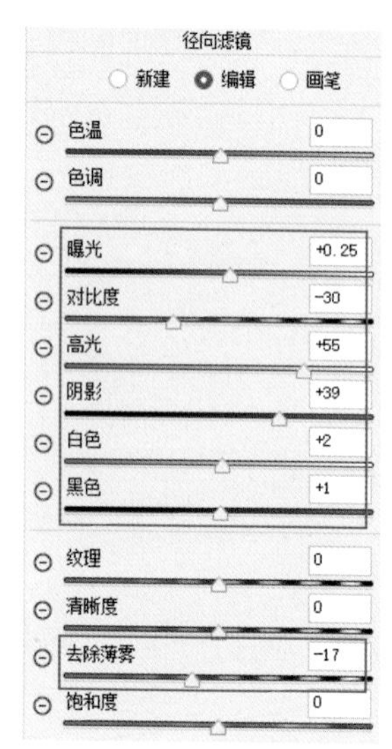

接下来，进入 Photoshop 中做进一步的优化调整。

10 借助选区、蒙版，增加暗部和中间调的对比度

以智能对象的方式在 Photoshop 中打开照片，按 Ctrl+Alt+2 组合键，选取高光区域。选区高光是为了在下一步增加明暗对比度时，保护高光不受影响。

完成选区后，新建“曲线 1”调整图层，观察该图层的蒙版项会发现出现了部分灰色区域，这些区域就是上一步做选区的高光区域。在曲线的亮部和暗部增加两个锚点，上下拖拉出增加对比度的 S 形曲线。由于蒙版的遮挡作用，高光区域将不会受到增加对比度的影响。

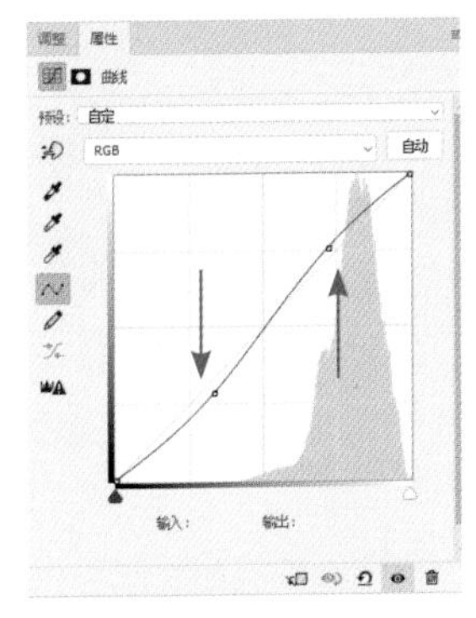

11 使用色阶增加局部对比度

新建“色阶 1”调整图层，在色阶属性框中，向左拖动白色滑块，提亮亮部；向右拖动灰色滑块，压暗中间调的亮度。调整后的明暗对比得到加强。但有些区域并不适合增加对比，因此需要借助蒙版遮挡不想应用色阶效果的区域。单击“色阶 1”的蒙版项，选择工具栏中的画笔工具，设置前景色为黑色，在不想应用色阶效果的烟雾区域反复涂抹，保持雾气缭绕的效果。

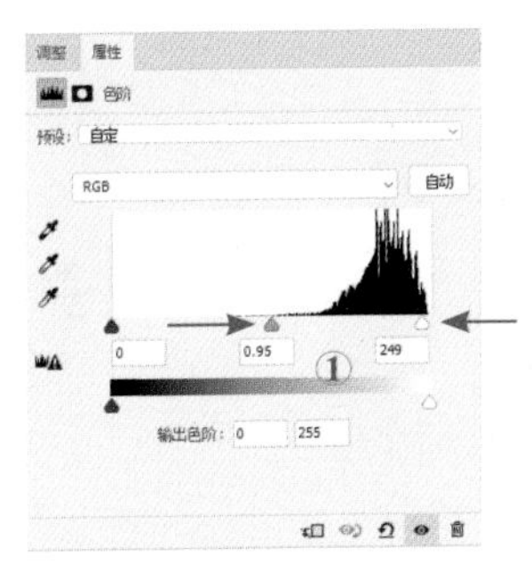

12 使用曲线通道改变色调效果

新建“曲线 2”调整图层，在曲线属性框中，选择红色通道，增加锚点向上提拉，增加红色；选择绿色通道，增加锚点向下拖动，增加品红色；选择蓝色通道，在暗部区域增加锚点向上提拉，让暗部偏蓝色，在亮部区域增加锚点向下拖动，让亮部偏黄色。色调调整后，可以通过调整不透明度来控制应用效果的强弱。

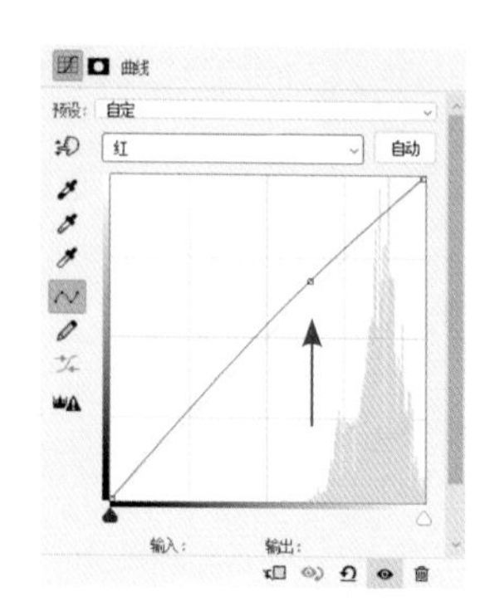

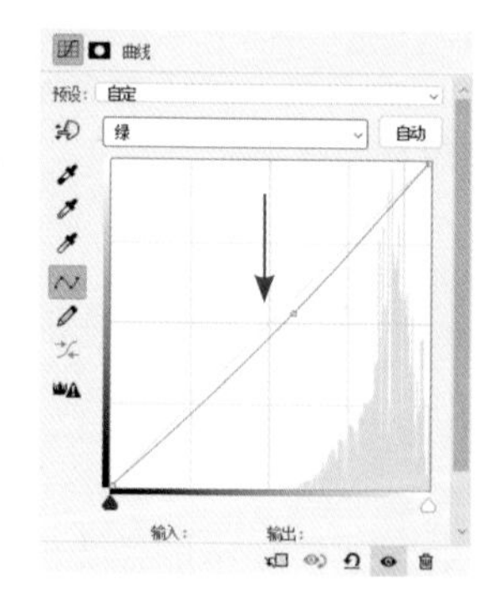

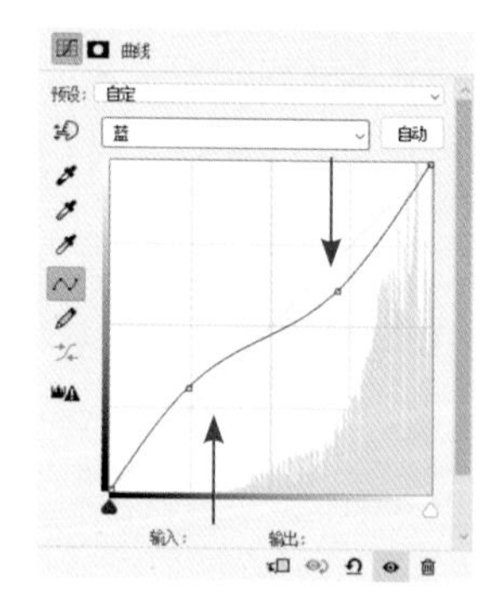

13 继续使用色阶增加局部对比度

调整色调后，接下来需要对照片做最后的对比度调整。新建“色阶 2”调整图层，在色阶属性框中分别向右拖动“黑色”“灰色”滑块，加深暗部和中间调，在加深的过程中，亮部的烟雾也会受到影响被压暗，这样就会影响到烟雾的漂浮美感。为了避免烟雾受到影响，单击“色阶 2”的蒙版项，选择工具栏中的画笔工具，设置前景色为黑色，不透明度为 70%，在不想应用色阶效果的烟雾区域多次涂抹，恢复烟雾缭绕的效果。

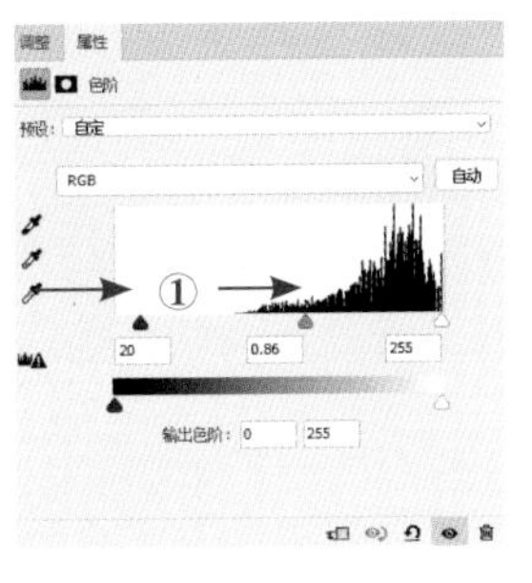

14 给图片增加边框

step 1 单击工具箱中的裁剪工具，右键单击图片，在弹出的菜单中选择“清除比例”，然后上下拖拉出一个上边窄、下边宽的透明像素区域。

step 2 单击工具箱中的魔棒工具，在透明像素区域单击选区，当需要选区多个区域时，可以按住 Shift 键单击要增加的选区。

step 3 完成选区后，单击右下角的“创建新图层”图标，新建“图层 1”调整图层，这样在该图层上的调整将只针对选区位置。单击选择菜单栏上的编辑 > 填充，在弹出的填充属性框中，选择颜色，就可以在拾色器中选择喜欢的颜色填充选区的边框。

为了不让边框干扰到画面氛围，这里选择了 50% 的灰色填充边框。

15 添加文字、美化照片

适当的文字修饰可以增加画面的意境氛围。单击工具箱中的横排文字工具，在画面左下角拖拉出文字框，输入“石城秋色”，这时在图层面板上会新增一个“石城秋色”文字图层。增加新的文字时，只需要再次拖拉文字框，然后输入文字，例如“shenlongsheying”，就会再次新建一个文字图层，新建图层的好处是可以在不影响其他文字的前提下反复修改。当需要改变字体时，可以从上方工具栏中的下拉栏中选择。如果要输入竖行文字，那么可以在工具箱中选择“直排文字工具”。

11.2 制作色彩清新的情侣写真

本节重点讲解如何针对情侣写真照片进行色彩调整和细节修复。

扫码看视频

后期思路

① **改变色温、应用配置文件**

在“基本”面板中，改变色温、应用配置文件中的“现代09”，确定照片的基础色调。

② **调整色彩**

在Camera Raw中的色彩调整主要涉及“色调曲线”“校准”“HSL调整”面板中的调整。

③ **修复瑕疵**

瑕疵修复分为两个阶段，第一阶段是在Camera Raw中的粗略调整，主要使用了污点修复工具和调整画笔；第二阶段是在Photoshop中的精细处理，主要使用了曲线蒙版和污点修复画笔工具。

④ **优化色彩、加强对比**

使用可选颜色弱化背景、突出主体人物。

使用混合模式中的柔光来加强明暗对比。

首先，在 Camera Raw 中打开例图进行调整。

01 改变色温、应用配置文件

step 1 向右拖动“色温”滑块，让画面偏向暖黄色。

step 2 在“配置文件浏览器”中，选择“现代 09”，数量值保持默认的 100，直接套用色彩效果。

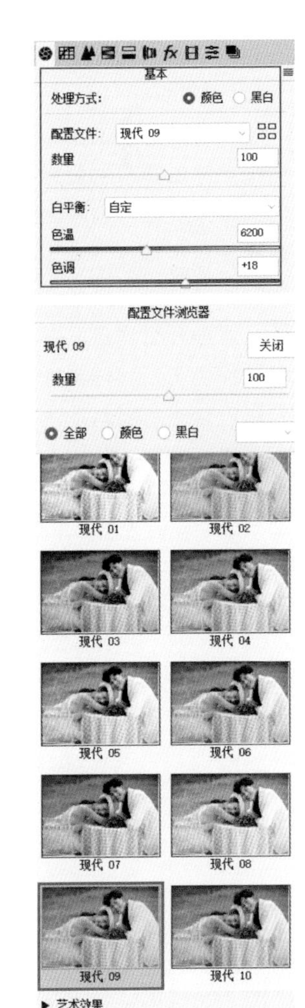

02 使用曲线调整曝光和色彩

在曲线的中间调区域增加锚点，向上提拉提亮画面，为了避免已经很亮的亮部被提亮，需要在亮部区域增加一个锚点并下拉，这样亮部区域就不会受提亮操作的影响。

选择绿色通道，在亮部区域添加锚点向上提拉加绿色，让背景亮部的草地更绿；在中间调和暗部区域增加两个锚点，向下拖拉，给人物的脸部添加洋红色。选择蓝色通道，添加 3 个锚点，分别针对亮部区域加蓝色、暗部区域加黄色，让色彩呈现出冷暖对比的层次感。最后选择红色通道，添加 3 个锚点，针对亮部区域减红色，目的是更好地还原人物肤色；针对暗部加青色，让草地颜色看起来更有层次。

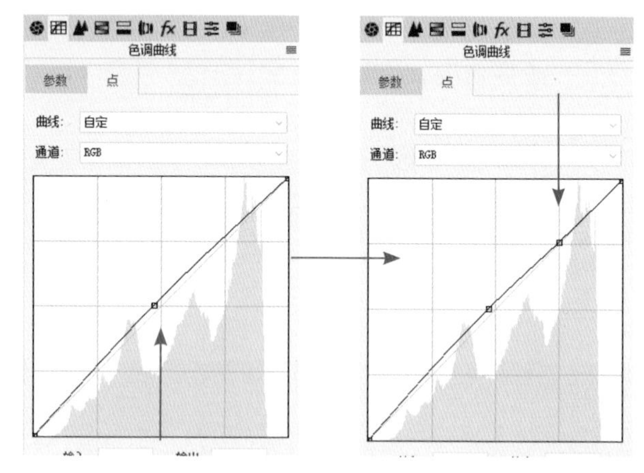

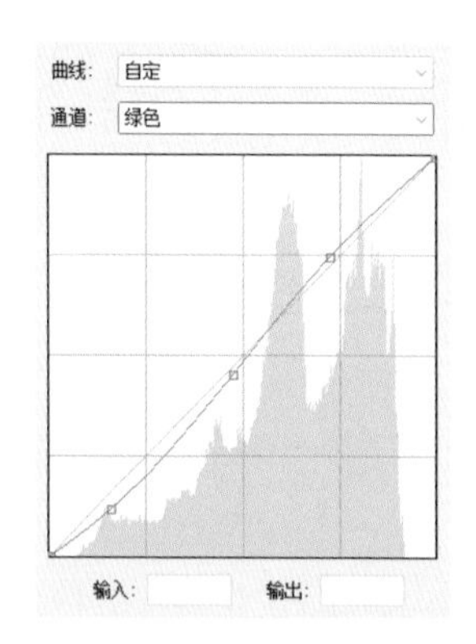

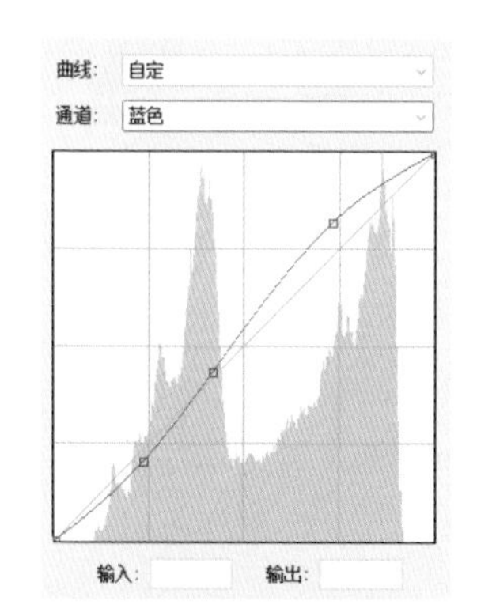

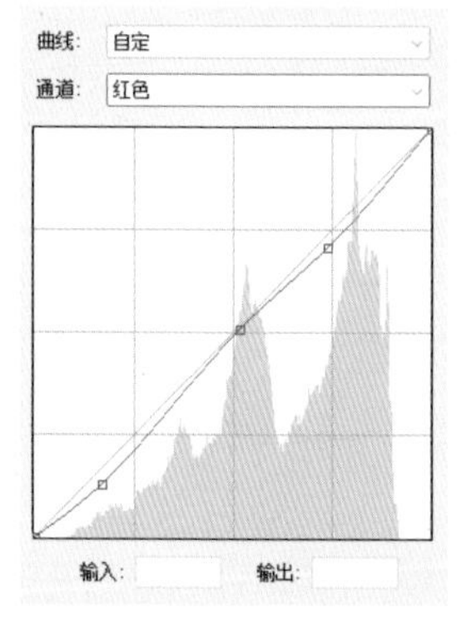

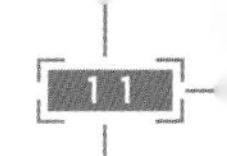

03 使用校准润色

在“校准”面板中，对红原色增加饱和度，让色相偏向洋红色，这主要是针对人物肤色的调整；对绿原色减少饱和度，让色相偏向黄绿色，这里主要是针对草地的调整；对蓝原色增加饱和度，会增加画面的整体饱和，让色相偏向青色，会让草地的颜色看起来更加有活力。

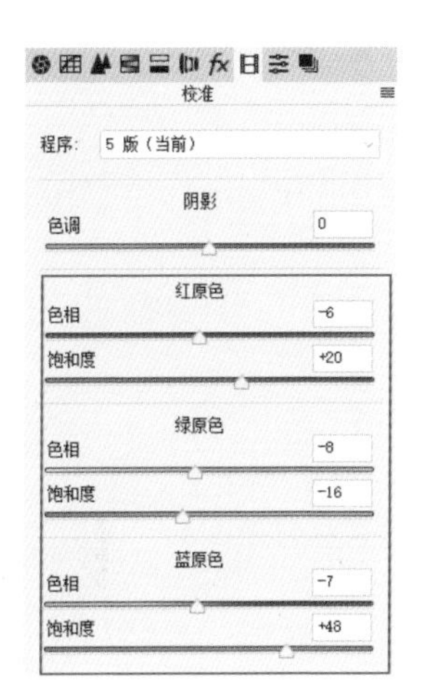

04 在“HSL调整”面板中，控制色彩分布

在“HSL 调整”面板中，选择饱和度选项卡，少量增加橙色值，可以让人物的肤色更加红润；选择明亮度选项卡，向右拖动“橙色”滑块，提亮人物肤色，向左拖动“绿色”滑块，压暗背景草地，避免其干扰主体表现。

HSL 调整
色相 饱和度 明亮度
默认值
红色 0
橙色 +9
黄色 0
绿色 0

色相 饱和度 明亮度
默认值
红色 0
橙色 +8
黄色 0
绿色 -8

05 去除人物脸部痘痕

单击工具栏中的污点去除工具，设置类型为修复，去除人物脸上的痘痕。

污点去除

类型：修复

大小 4

羽化 100

不透明度 100

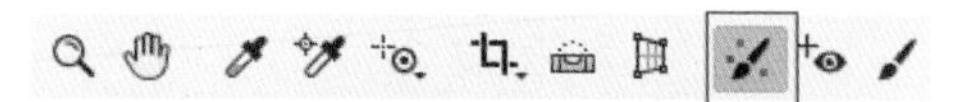

调整前

调整后

06 提亮人物的手部和额头

step 1 单击工具栏中的调整画笔工具，在右侧参数栏中增加曝光、阴影、白色和黑色的数值，增加纹理，减少清晰度和去除薄雾的数值，然后在人物的手部涂抹提亮。

调整画笔

新建 添加 清除

色温	0
色调	0
曝光	+0.20
对比度	0
高光	0
阴影	+27
白色	+7
黑色	+38
纹理	+3
清晰度	-10
去除薄雾	-7
饱和度	0

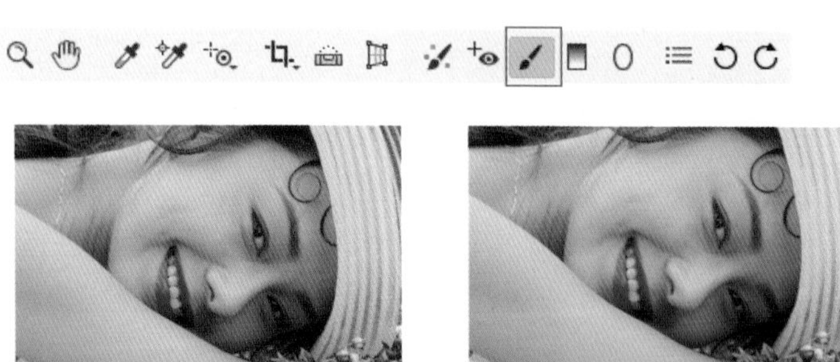

调整前　　调整后

step 2 单击“新建”，新建一个调整画笔，在参数栏中设置色温为 +8，色调为 +2，增加曝光、白色和黑色的数值，纹理、清晰度和去除薄雾项和上一个调整画笔的参数一致。接下来，在男模特的额头位置进行涂抹提亮。比对调整前后的效果，尽管额头有所提亮，但效果还不是特别理想，下面就进入 Photoshop 中做一步的优化调整。

调整画笔
新建 添加 清除
色温 +8
色调 +2
曝光 +0.20
对比度 0
高光 0
阴影 0
白色 +7
黑色 +38
纹理 +3
清晰度 −10
去除薄雾 −7
饱和度 0

调整前

调整后

07 提亮人物额头

step 1 单击工具箱中的套索工具，选取额头发黑的区域创建选区，然后新建“曲线 1”调整图层，这样额头以外的区域就被蒙版遮住，接下来的调整将只针对选区的额头区域。设置“曲线 1”图层的混合模式为滤色，调整不透明度为 51%，然后在曲线的属性框中，在曲线上增加锚点，提亮中间调区域，压暗暗部，实现对额头的提亮。观察发现，调整后的选区边缘出现了不自然的痕迹，需要进行羽化处理。

调整前

调整后

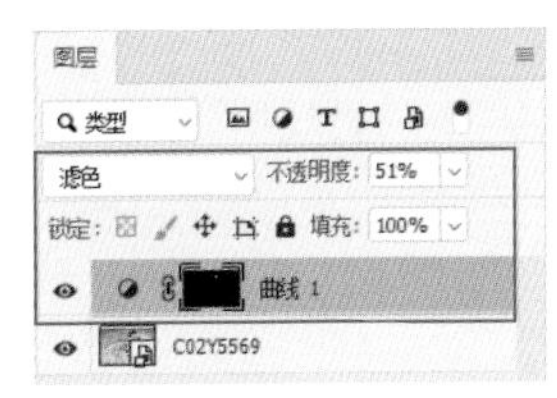

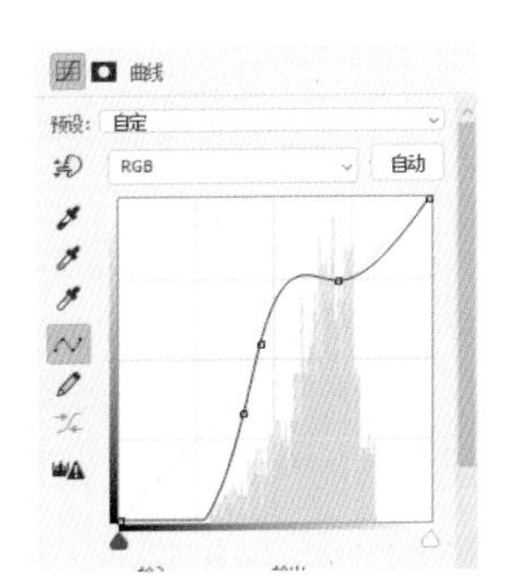

step 2 双击“曲线 1”的蒙版项，在属性框中拖动“羽化”滑块，直至边缘过渡自然为止。

调整前

调整后

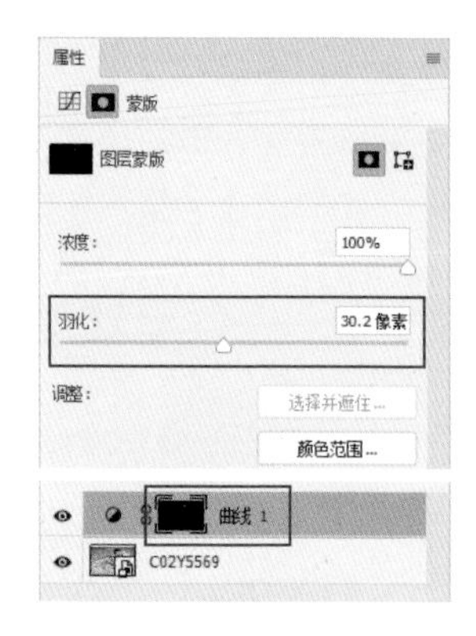

08 修复不美观的区域

新建空白“图层 1”，单击工具箱中的污点修复画笔工具，在工具栏上单击选择“内容识别”，勾选“对所有图层取样”，然后在模特的脸腮和腋下位置涂抹美化。

调整前　　调整后

09 使用可选颜色提亮脸部、压暗背景

新建“选取颜色 1”图层，在可选颜色属性框中，首先选择红色（针对人物脸部调整），向左拖动“青色”滑块，减青加红，让人物的脸部看起来更红润，向左拖动“黑色”滑块，提亮脸部；接下来选择绿色（针对背景草地调整），向右拖动“青色”滑块，

给草地加青色；向右拖动“洋红”滑块，减少绿色；向左拖动“黄色”滑块，减少黄色，调整后的草地偏向青绿色，并且亮度有所下降，这样更容易让观看者的视线集中到主体人物身上。

10 使用混合模式中的柔光来加强明暗对比

新建“曲线 2”调整图层，设置混合模式为柔光，加强画面的明暗对比，完全应用柔光后的对比效果过于强烈，因此需要减少不透明度，减弱对比效果。

11.3 制作电影色调的人像照片

本节将通过具体的案例，讲解如何通过改变光影和色调，制作出具有电影感的画面效果。

后期思路

① 在Camera Raw中的预调整

在Camera Raw中的调整分为两部分：第一，通过更改配置文件、改变色温色调、调整曲线的色彩通道、HSL局部调色以及色调分离强化冷暖来改变画面的整体色调。第二，通过压暗四角、添加颗粒、突出局部光影来营造画面氛围。

② 在Photoshop中的优化调整

在Photoshop中的调整同样分为两部分：第一，使用内容识别填充修复墙皮脱落的位置；第二，新建多个曲线调整图层，强调出画面的光影结构。

首先，在 Camera Raw 中打开例图进行调整。

01 更改配置文件，改变色调

在配置文件中选择“老式09”，让照片偏向青黄色调。

02 调整基础曝光、改变色温色调

step 1 在“基本”面板中，减少曝光值、定义黑白场（减少白色、增加黑色）、压暗高光、提亮阴影，完成基本曝光的调整。

step 2 少量增加自然饱和度，提高画面的鲜艳度 。

step 3 向右拖动“色温” “色调”滑块，使画面偏向暖黄色调。

03 在“色调曲线”面板中加强对比、改变色调

在曲线上增加多个锚点，提亮亮部、压暗中间调和暗部，加强明暗间的对比。

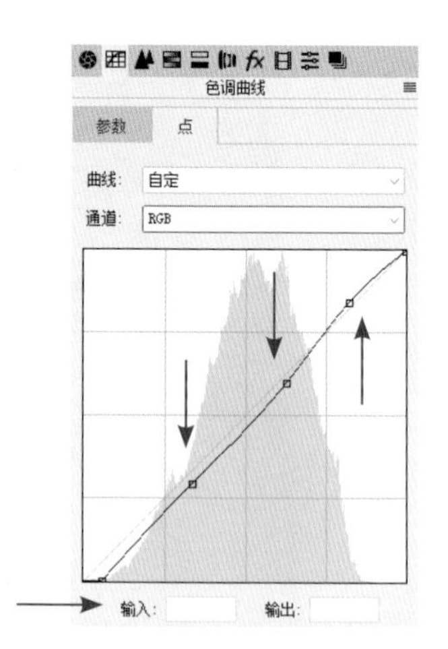

色调调整的思路是让画面偏向青蓝色。选择红色通道，增加锚点并向下拖拉增加青色（减红色）；选择绿色通道，增加锚点并向下拖拉增加品红色（减绿色）；选择蓝色通道，增加锚点并向上提拉增加蓝色（减黄色）。

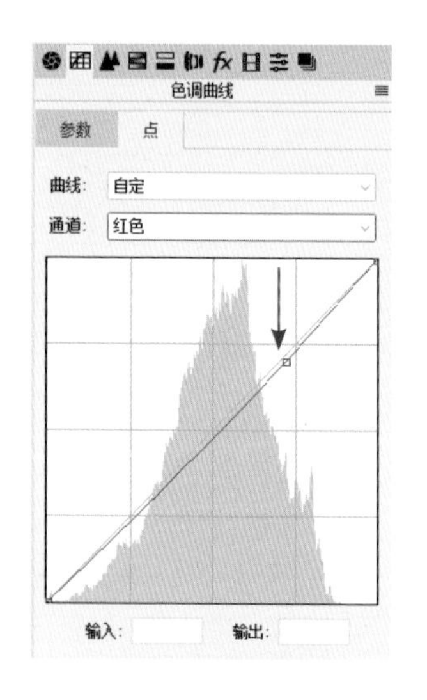

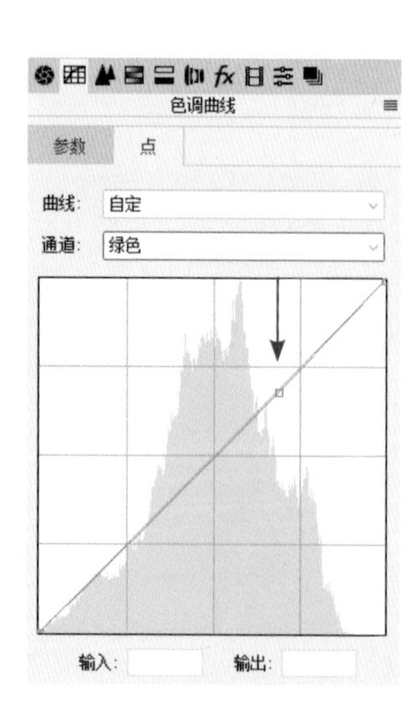

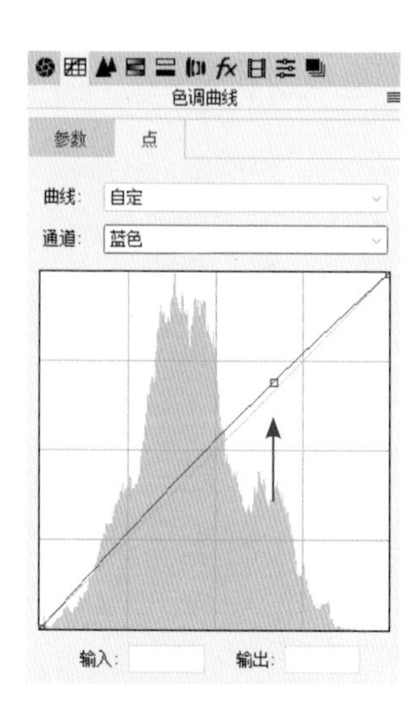

04 在“HSL调整”面板中调整局部色彩

选择明亮度选项卡，向右拖动“橙色”滑块，提亮人物肤色；选择饱和度选项卡，向左拖动“黄色”滑块，压暗背景中较为抢眼的黄色郁金香；选择色相选项卡，向左拖动“橙色”“黄色”滑块，让人物的肤色偏向健康的橙红色。

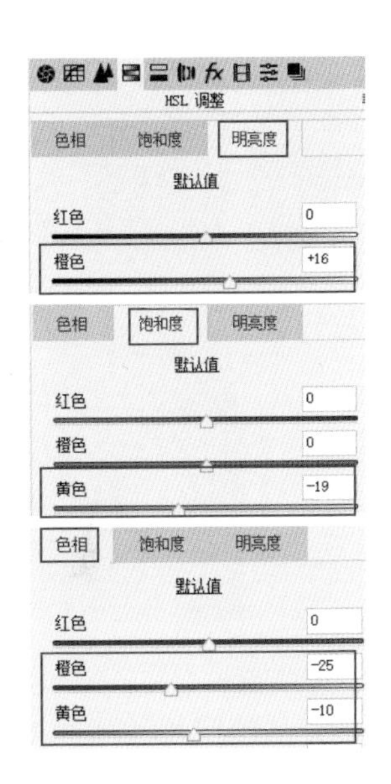

05 使用分离色调强化冷暖对比

在“分离色调”面板中，针对高光区域增加冷蓝色，拖动“色相”滑块至蓝色位置，少量增加饱和度；针对阴影区域增加暖橙色，拖动“色相”滑块至橙红色位置，少量增加饱和度。这样就强化出了冷暖对比的色彩效果。

分离色调
高光
色相 230
饱和度 9
平衡 0
阴影
色相 26
饱和度 10

06 校正镜头，压暗四角

在“镜头校正”面板中，勾选“启用配置文件校正”复选框，然后向左拖动“晕影”滑块至 0，压暗照片的四角。

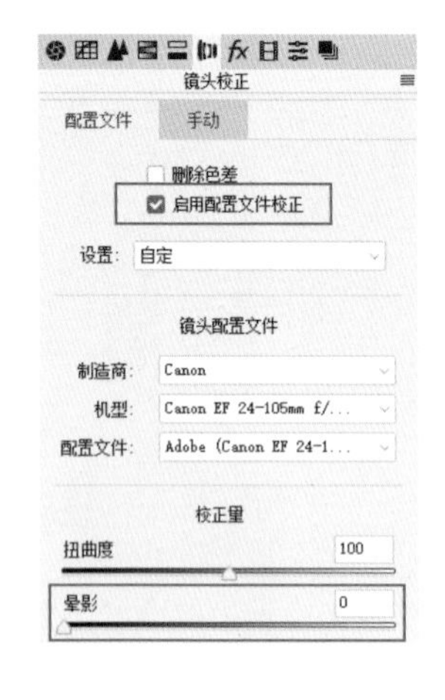

07 给照片添加质感颗粒

适当地增加颗粒可以突出质感、强化出怀旧氛围的胶片味道，有利于烘托电影色调的效果表达。在“效果”面板中，向右拖动“数量”滑块，添加颗粒，大小和粗糙度的数值保持默认即可。

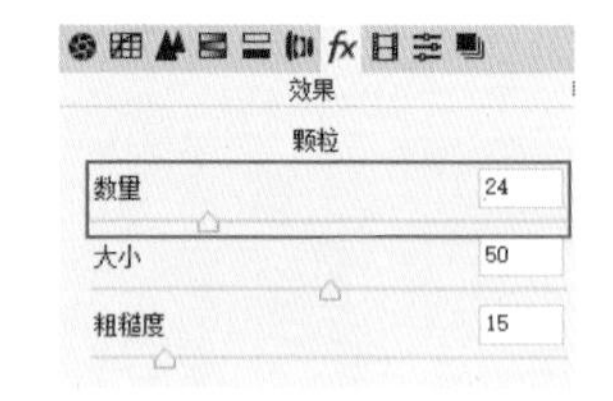

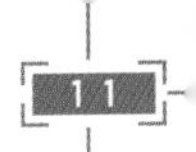

08 压暗四角

在裁剪后晕影选项中，向左拖动“数量”滑块压暗四角，拖动“中点”滑块控制暗角的范围，拖动“圆度”滑块可以控制暗角的形状，拖动“羽化”滑块可以控制暗角区域和非暗角区域的过渡。

09 使用渐变滤镜压暗局部亮度

单击工具栏上的渐变滤镜，在右侧选项栏中减少曝光、增加对比度和去除薄雾、压暗高光和白色，然后分别从右到左、从右上角45°向斜下方拉出渐变效果，压暗画面的右侧，目的是更好地突出主体人物。

渐变滤镜
新建 编辑 画笔
色温 0
色调 0
曝光 -0.20
对比度 +70
高光 -39
阴影 0
白色 -16
黑色 0
纹理 0
清晰度 0
去除薄雾 +6

下面进入 Photoshop 中做进一步的优化调整，首先按住 Shift 键以智能对象的方式在 Photoshop 打开照片，这样就可以单击智能对象的标识返回 Camera Raw 中更改之前的调整。

10 使用内容识别填充调整墙皮脱落的位置

step 1 按 Ctrl+J 组合键复制背景图层，得到“人像调色 拷贝”图层，右键单击该图层，在弹出的菜单中选择“栅格化图层”（如果是智能对象图层将无法应用内容识别填充命令）。接下来单击工具箱中的套索工具，对墙皮脱落的区域进行选区。

step 2 单击选择菜单栏上的编辑 > 内容识别填充，打开内容识别填充调整界面，右栏参数保持为默认值即可。当前绿色显示区域代表了要取样的区域，也就是说填充墙皮脱落的区域将从绿色区域中自动寻找。

由于取样区域过大，并且取样会优先选取就近的区域，结果就会出现右图这样填充效果不理想的情况。

step 3 想要实现较为精准的内容识别填充效果，需要缩小取样区域的范围。单击左侧的取样画笔工具，涂抹减少取样区域的范围。这样最终只保留了墙皮脱落位置下方的一小块墙壁作为取样区域。

单击确定，回到 Photoshop 的主界面，可以看到墙皮脱落位置得到了很好的修复。

接下来，将新建多个调整图层，并结合蒙版来塑造画面的光影结构。

11 提亮人物脸部的阴影区域

step 1 新建“曲线 1”调整图层，设置混合模式为滤色，整体提亮画面，接下来通过改变不透明度来调整应用效果的强度。

step 2 单击“曲线 1”的蒙版项，按 Ctrl+I 组合键进行反选，变为黑色蒙版。然后选择工具栏中的画笔工具，设置前景色为白色，不透明度为 70%，在想要提亮的脸部区域多次涂抹，实现局部提亮。

12 增加人物阴影区域的对比度

新建“曲线 2”调整图层，设置混合模式为柔光，给画面整体增加对比度。单击“曲线 2”的蒙版项，按 Ctrl+I 组合键进行反选，变为黑色蒙版。然后选择工具栏中的画笔工具，设置前景色为白色，不透明度为 70%，在想要应用柔光效果的区域涂抹，加强对比度。

13 压暗主体人物周边的亮度

新建并单击“曲线3”调整图层，在曲线属性框中增加锚点，向下拖拉压暗照片。然后单击“曲线3”的蒙版，选择工具栏中的画笔工具，设置前景色为黑色，不透明度为70%，在主体人物身上涂抹，这样压暗画面的操作将不会影响到主体人物。

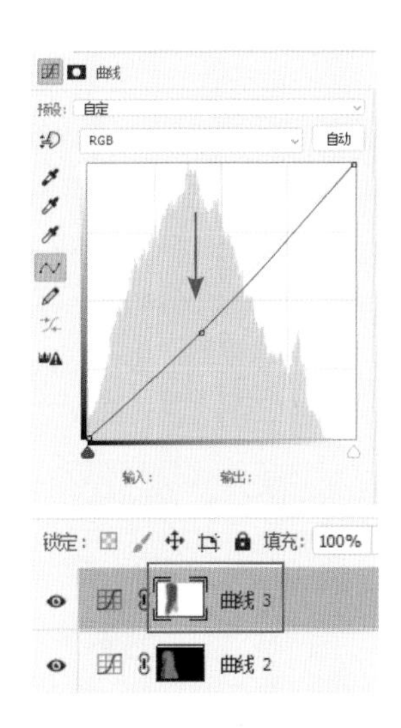

14 轻微压暗主体人物

上一步调整完成后，人物的脸部看起来有些偏亮，与周围的环境不是很协调，对此可以新建一个“曲线4”调整图层，在曲线属性框中增加两个锚点并向下拖拉压暗画面。由于这里只是想对人物脸部压暗，因此需要单击“曲线4”的蒙版项，按Ctrl+I组合键进行反选，变为黑色蒙版。然后选择工具箱中的画笔工具，设置前景色为白色，不透明度为70%，对主体人物进行涂抹压暗。

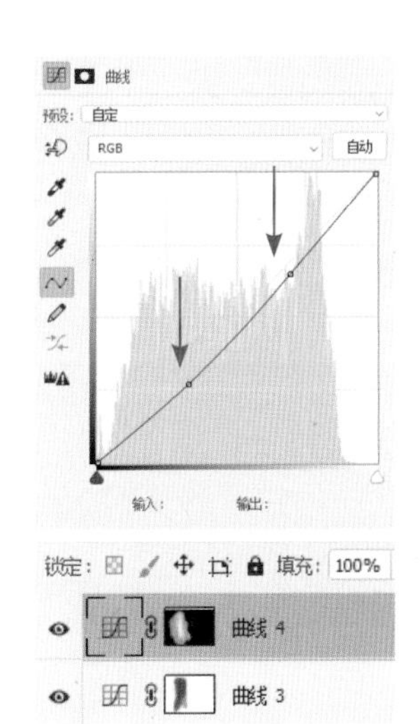

11.4 制作青绿色调的人文照片

本节以一张人文照片为例，介绍如何制作青绿色调的画面效果。

后期思路

① 使用渐变滤镜压暗背景

在Camera Raw中调整基础曝光、确定青绿色调、压暗四角、锐化降噪，并使用渐变滤镜和径向滤镜控制局部影调。

② 借助蒙版调整局部光影色彩

在Photoshop中去除地面杂物，调整局部亮度、加深对比、强调色彩对比效果。

首先，在 Camera Raw 中打开例图进行调整。

01 调整基础曝光

在“基本”面板中，增加曝光值、定义黑白场（减少白色、增加黑色）、压暗高光、提亮阴影、增加对比度，完成基础曝光的调整。

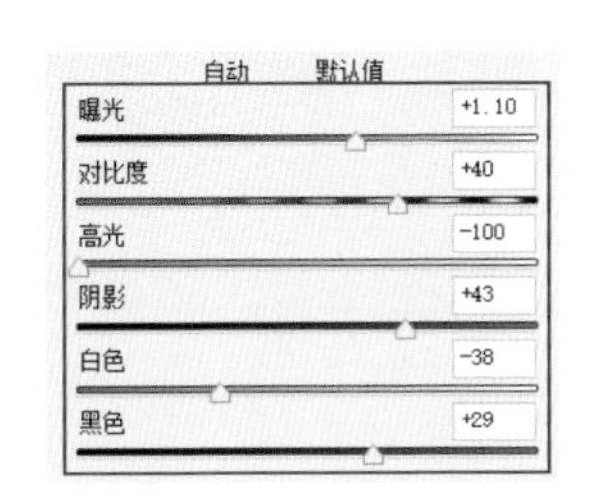

02 加强明暗对比

在“色调曲线”面板中，向右拖动暗部端点压暗暗部，向左拖动亮部端点提亮亮部，然后下压端点，减少提亮的幅度。

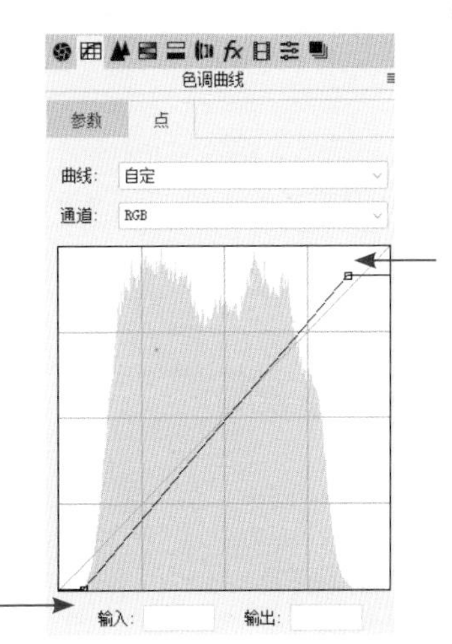

03 使用分离色调制作青黄色调

在“分离色调”面板中，拖动高光选项的“色相”“饱和度”滑块，对高光加青色；拖动阴影选项的“色相”“饱和度”滑块，对阴影加黄色，制作出青黄色调的画面效果。

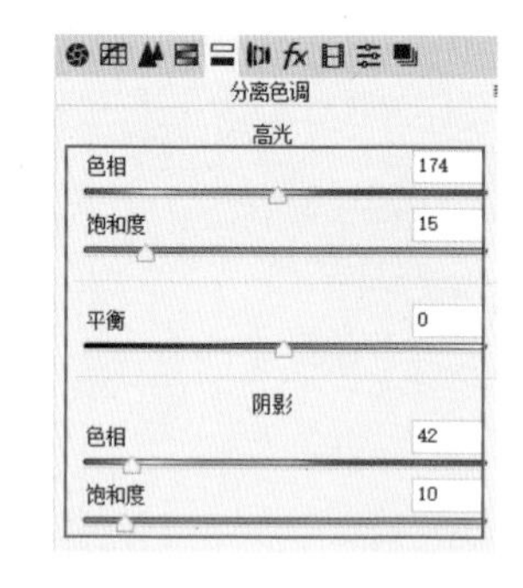

04 压暗四角

在“镜头校正”面板中，勾选“启用配置文件校正”复选框，然后向左拖动“晕影”滑块至0，压暗照片的四角。

在裁剪后晕影选项中，向左拖动“数量”滑块继续压暗照片四角，向右拖动“中点”滑块控制暗角范围，向右拖动“羽化”滑块让过渡更加自然。

05 使用HSL调整局部色彩

在“HSL 调整”面板中，选择饱和度选项卡，向左拖动“红色”“蓝色”滑块，降低人物衣服的饱和度；选择明亮度选项卡，向左拖动“蓝色”滑块，压暗人物身上的蓝色衣服。

HSL 调整
色相 饱和度 明亮度
默认值
红色 -33
橙色 0
黄色 0
绿色 0
浅绿色 0
蓝色 -46

色相 饱和度 明亮度
默认值
红色 0
橙色 0
黄色 0
绿色 0
浅绿色 0
蓝色 -13

06 锐化和降噪

100% 显示照片，在“细节”面板中，先向右拖动“数量”滑块对照片进行锐化，然后按住 Alt 键向右拖动“蒙版”滑块，对人物边缘进行锐化；向右拖动“明亮度”滑块减少杂色，减少杂色容易丢失细节，因此需要向右拖动“明亮度细节”“明亮度对比”滑块来加强细节。

07 控制局部影调

单击工具栏中的渐变滤镜，在右侧参数项中减少曝光、高光和白色用于局部压暗处理，增加对比度和去除薄雾用于增加局部区域的对比度。设置完渐变滤镜的参数，在画面左下方较亮的区域拉出两条渐变区域进行压暗。

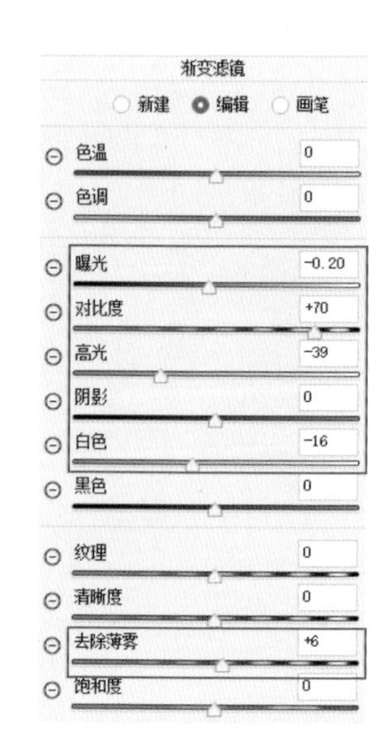

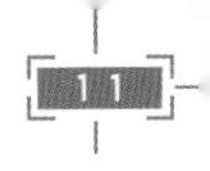

单击工具栏中的径向滤镜，使用上一步渐变滤镜的参数，添加3个径向滤镜，对过亮的区域进行压暗处理。

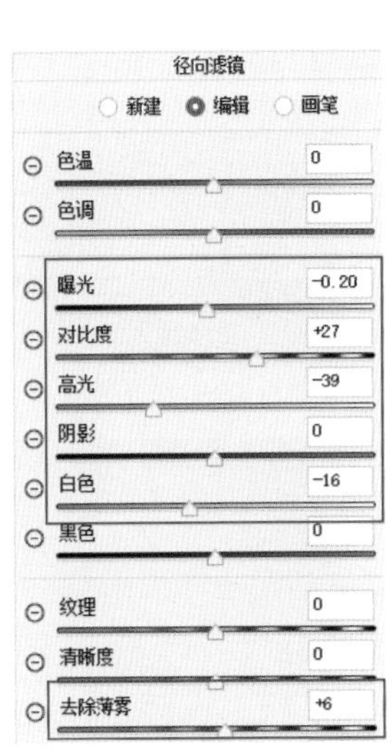

接下来，按住 Shift 键以智能对象的方式在 Photoshop 打开照片，做进一步的优化调整。

08 去除地面杂物

step 1 按 Ctrl+J 组合键复制背景图层，得到拷贝图层，右键单击拷贝图层，在弹出的菜单中选择“栅格化图层”。

step 2 单击工具箱中的套索工具，选取画面下方的地面电线创建选区，然后单击菜单栏中的编辑 > 内容识别填充，对电线区域进行填充，内容识别填充的步骤与上一节的操作相同，这里不再重复。

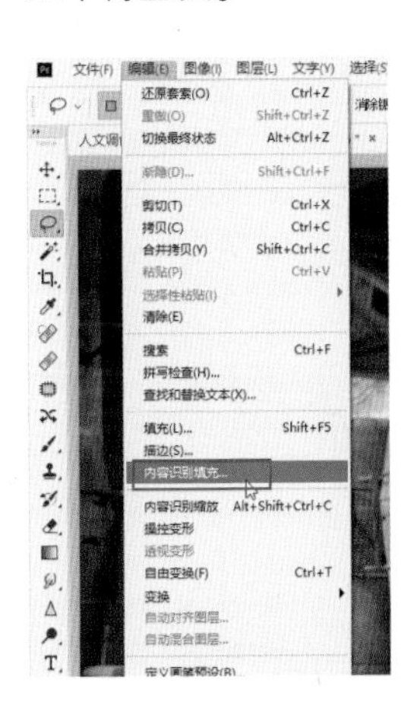

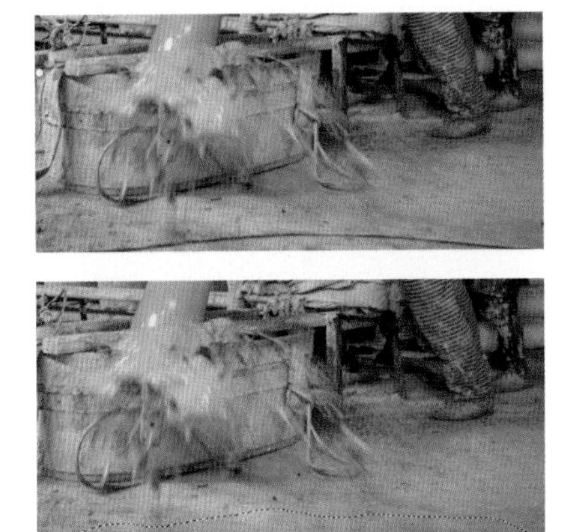

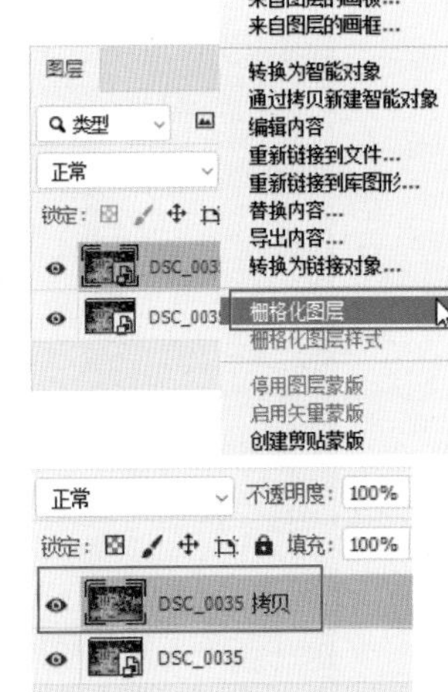

step 3 单击拷贝图层，按 Ctrl+J 组合键复制图层，得到拷贝 2 图层。然后选择工具箱中的修补工具，在上方的工具栏中选择“源”，接下来选取要去除的区域为新的选区，拖动到取样区域就可以对杂物进行去除。

09 曲线结合蒙版压暗局部亮度

为了让对比更加强烈、影调更加厚重，接下来需要对画面进行局部的明暗调整。首先，新建“曲线 1”调整图层，在亮部区域增加锚点，向下拖拉锚点，整体压暗画面；然后选择工具栏中的画笔工具，设置前景色为黑色、不透明度为 50%，在人物脸部、水浆、屋顶等不需要提亮的区域涂抹。

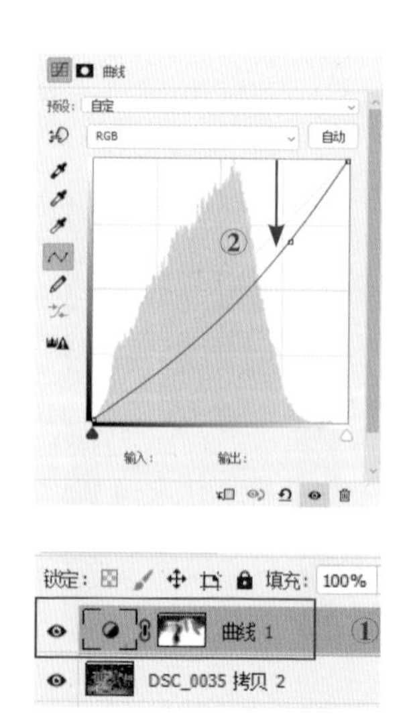

10 新建柔光层加深对比度

新建“曲线2”调整图层，设置混合模式为柔光，直接使用柔光会导致画面的对比过于强烈，因此需要调整不透明度来控制柔光效果的强度。

11 使用色彩平衡加强色彩表现

新建“色彩平衡”调整层，在色彩平衡属性框中，选择中间调，增加红色，为画面加暖色；选择阴影，增加青色，为画面加冷色；这样就可以强化出画面中的色彩对比效果。

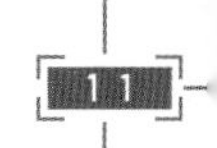

第 12 章

输出照片

输出照片通常会有两种用途，一种是用于扩印照片或印刷画册，需要设置较大的色彩空间和照片尺寸；另一种是用于网络分享，需要在大尺寸照片的基础上转换色彩空间、缩小尺寸。

在前文对 Camera Raw 的讲解中，已经学习了输出照片的几项要素，其中包括存储格式、品质、图像大小、色彩空间和分辨率。接下来，将针对不同的使用需求，介绍如何在 Photoshop 中输出照片。

12.1 保存用于冲印的照片

12.1.1 冲印小尺寸照片

冲印小尺寸的照片时，并不需要把大尺寸的原片送到冲印店，只需要根据冲印的尺寸（例如 6 寸、7 寸、10 寸等）调整图片大小即可，设置的操作步骤如下。

01 调整图像大小

单击选择菜单栏中的图像 > 图像大小，在图像大小属性框中，可以从调整为下拉栏中选择要冲印的尺寸，例如常见的“8×10 英寸 300dpi”，其中 dpi 代表分辨率。选择“8×10 英寸 300dpi”后，照片的像素尺寸从原来的 3500 像素 ×2333 像素变为 2400 像素 ×1600 像素。

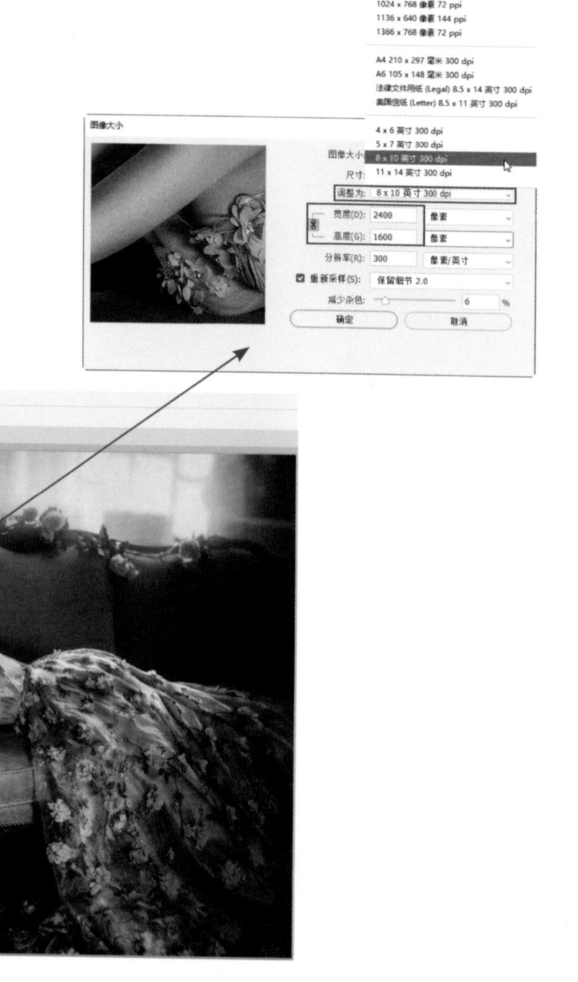

02 选择比例裁剪

2400像素×1600像素的比例并不是10寸照片的10∶8，而是12∶8，这是因为图像大小调整是在保持原尺寸比例前提下进行的图像缩小。因此接下来需要使用裁剪工具将图像大小的比例调整为10∶8。单击裁剪工具，从工具栏的下拉列表中选择4∶5（8∶10），完成裁剪。

03 添加白边

有些图片裁切后就会失去原来的画面比例效果，这时可以通过添加白边的方式来保留原来的照片尺寸。仍然按照8∶10裁剪比例，在照片上下拉出透明区域。

然后使用工具箱中的魔棒工具选择透明区域。

单击选择菜单栏中的编辑 > 填充，在填充内容框中选择白色。

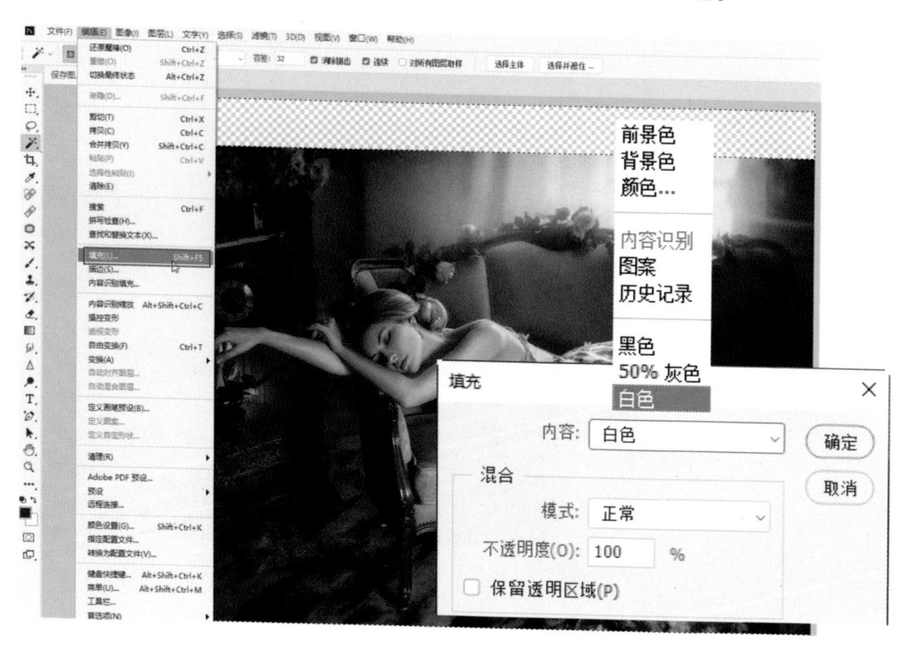

这样就可以保留原照片尺寸，冲印出10寸的照片。

04 选择照片的存储格式

冲洗照片的存储格式选择JPEG格式即可，如果是接下来要讲的画册印刷，那么最好保存为TIFF格式，因为TIFF格式支持16位的色彩位深，可以获得更佳的色彩表现。

当选择 TIFF 格式时，默认为最大品质，无法调整更改。当选择 JPEG 格式时，需要将品质设置为最佳。

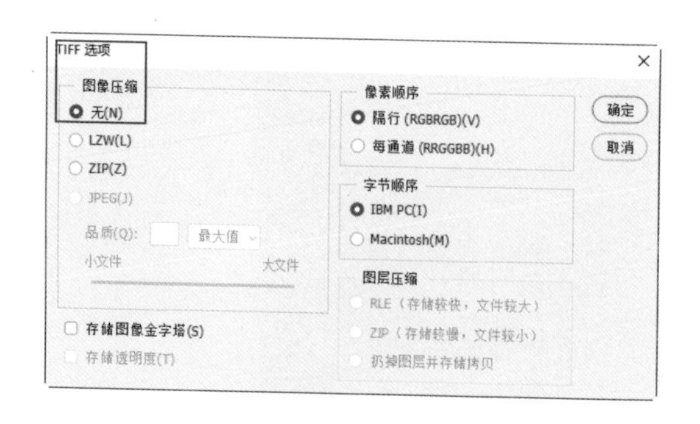

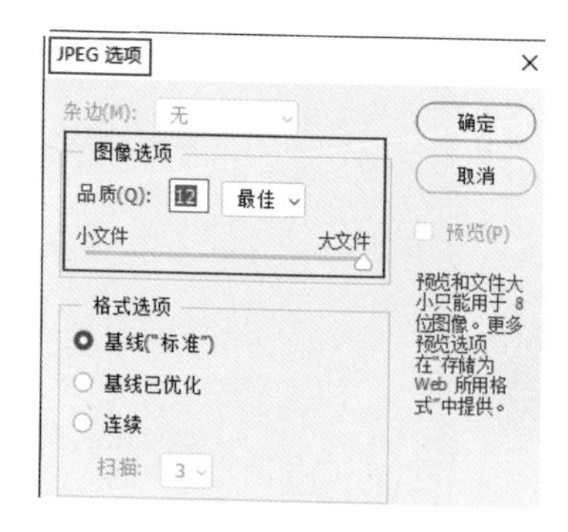

12.1.2 大尺寸输出

当需要进行大尺寸扩印或者是画册印刷时，常常会遇到照片的像素尺寸太小，无法保证清晰效果的问题，这时仍然可以使用菜单栏中的图像大小调整命令对图像进行放大。

1. 大尺寸冲印

当前照片的像素尺寸过小，单击选择菜单栏中的编辑 > 图像大小，将宽度数值由原来的 2501 像素放大至 5000 像素，单击限制长宽比标识 ，这样高度的数值就会在保持照片原来的长宽比的基础上自动增加。为了减少放大照片后的细节丢失，在重新采样下拉栏中选择“保留细节 2.0”，对比调整前后的照片可以看出，细节丢失并不明显。

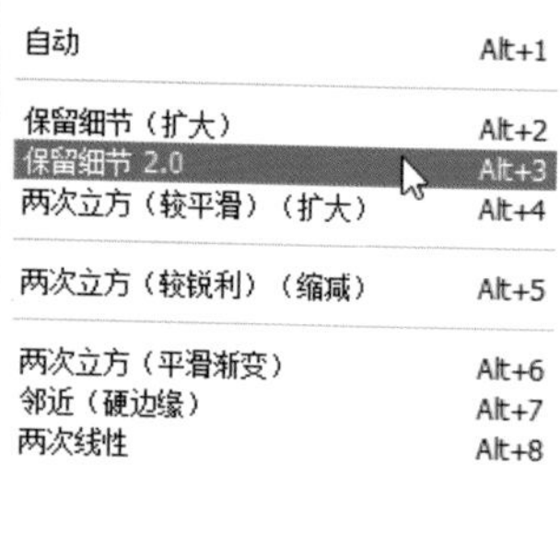

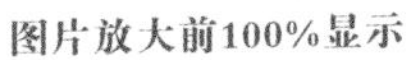
图片放大前100%显示

图片放大后100%显示

2. 印刷画册

印刷高精度的画册时，首先要将图像大小属性框中的分辨率控制在 300 像素 / 英寸（dpi），然后要将色彩空间由 RGB 模式转换为印刷色彩支持的 CMYK 颜色。

12.2 保存用于网络分享的照片

12.2.1 缩小照片

单击选择菜单栏中的文件 > 导出 > 存储为 Web 所有格式（旧版），在存储为 Web 所有格式属性框中设置 JPEG 的品质为 80、勾选用于网络显示的“转换为 sRGB”、将图像大小的长边设置为 1000~1200 像素，查看左下角调整后的照片文件大小，如果大于 500KB（通常用于网络分享的图片要控制在 500KB 以内），那么就降低一些 JPEG 的品质，直至文件大小低于 500KB。

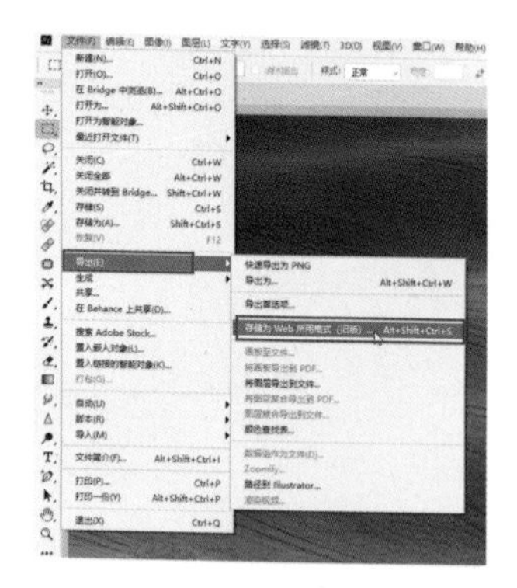

12.2.2 批量缩小照片

01 选择要进行批量缩小的照片所在的文件夹

缩小多张照片时，如果一张一张地改肯定是费时费力的。单击选择菜单栏中的文件 > 脚本 > 图像处理器，在弹出的图像处理选项框中，单击“选择文件夹”，选择要进行批量缩小的照片所在的文件夹，如果文件夹中包含多个子文件夹，可以勾选“包含所有子文件夹”复选框，这样文件夹中的所有图片都可以应用批量缩小。

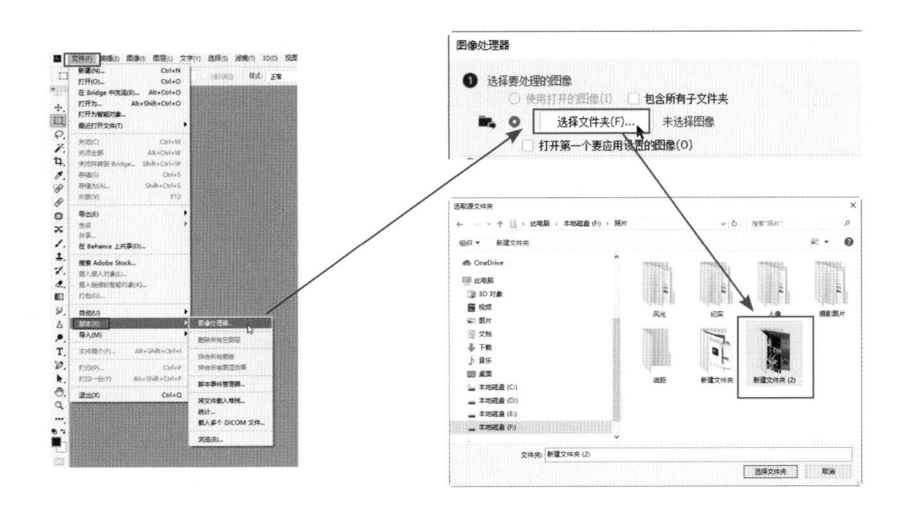

02 选择批量缩小照片后的存储位置

选择批量缩小照片后的存储位置，例如当前选择为“在相同位置存储”，那么软件会自动在当前文件夹中新建一个名称为“JPEG”的文件夹，所有进行批量缩小的照片都会保存在这个文件夹中。

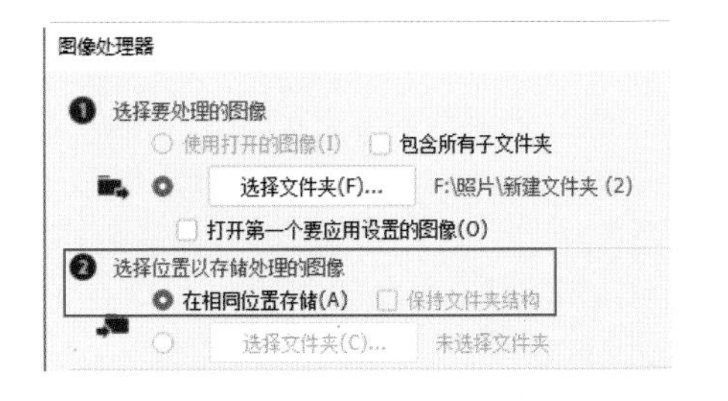

03 设置品质、大小以及色彩空间

勾选“存储为 JPEG”复选框，设置品质为 10；勾选“调整大小以适合”复选框，将 W（宽边）和 H（高）都设置为 1200 像素，这样无论是缩小横幅还是竖幅照片，照片的最长边都会保持在 1200 像素；勾选“将配置文件转换为 sRGB”复选框，将色彩空间转换为网络显示支持的 sRGB 色彩空间。

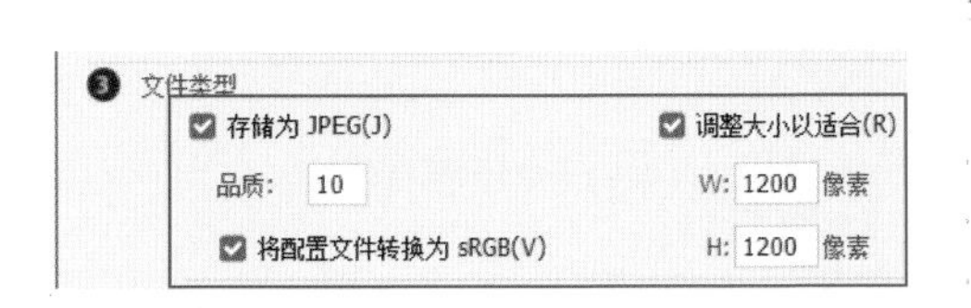

照片 › 新建文件夹 (2) › JPEG

名称	类型	大小	分辨率
保存图片.jpg	JPG 文件	395 KB	1200 x 800
放大图片.jpg	JPG 文件	289 KB	1200 x 800
缩小.jpg	JPG 文件	194 KB	800 x 1200
缩小图片.jpg	JPG 文件	455 KB	1200 x 800

图书在版编目（CIP）数据

Photoshop+Camera Raw 摄影后期技法自学教程 / 神龙摄影编著. -- 北京 : 人民邮电出版社, 2020.7
（摄影大讲堂）
ISBN 978-7-115-53532-0

Ⅰ. ①P… Ⅱ. ①神… Ⅲ. ①图象处理软件—教材
Ⅳ. ①TP391.413

中国版本图书馆CIP数据核字(2020)第041288号

内 容 提 要

本书从初学者的角度出发，全面系统地讲解了数码摄影后期的修片流程。全书共分 12 章，涵盖了从 Bridge 选片到 Camera Raw 简修，再到 Photoshop 精修的完整修片流程。本书内容以照片的影调和色彩调整为主线，详解了如何在 Camera Raw 中调整曝光、色彩和细节，以及如何在 Photoshop 中通过图层、蒙版和选区进行更精细的调整。相信通过本书的学习，读者可以清晰地掌握调整照片的思路，以及后期处理的常用技法，实现后期水平的有效提升。

本书适合所有摄影从业人士以及摄影爱好者阅读，同时也适合大专院校作为教材使用。

◆ 编　　著　神龙摄影
　责任编辑　马雪伶
　责任印制　马振武

◆ 人民邮电出版社出版发行　北京市丰台区成寿寺路 11 号
　邮编　100164　电子邮件　315@ptpress.com.cn
　网址　https://www.ptpress.com.cn
　北京富诚彩色印刷有限公司印刷

◆ 开本：690×970　1/16
　印张：17.25
　字数：420 千字　2020 年 7 月第 1 版
　印数：1 – 2 500 册　2020 年 7 月北京第 1 次印刷

定价：99.00 元

读者服务热线：(010)81055410　印装质量热线：(010)81055316
反盗版热线：(010)81055315
广告经营许可证：京东市监广登字 20170147 号